水道事業の現在位置と将来 II

Water Supply Service

熊谷和哉 Kazuya Kumagai

水道産業新聞社

はじめに

「水道事業の現在位置と将来Ⅱ」というからにはⅠがあったわけで、２０１３年に、厚生労働省水道課約四年在席の後、それまで勉強したこと、考えてきたことをまとめておこうというものがそれでした。

本書も、前回と変わらず、基本的には水道事業者、地方公共団体で水道事業に携わる方を念頭にまとめたものです。ありがたいことに、初心・初級者と中級者に向けた教科書を拙書「すいどうの楽学（日本水道新聞社）」で出すことができたため、本書は中級者以上の方を念頭にまとめたもので、前書以降に勉強した内容、考えてきたことを加え、再構成しました。

水道事業は、水道という土木構造物を中心とした巨大施設を使い、24時間、３６５日の水供給を支えるというもので、過去からの施設的な資産（遺産）を引き継ぎながら今に至っています。水道事業の現在や現状から考えるのではなく、歴史経緯を踏まえ、現在位置を認識して今後、将来を考えざるをえません。現状にしても課題や将来についても現時点という点だけで考えられないというところは、水道事業が持つ事業特性が故です。前書を「水道事業の現在位置と将来」としたのはこのような立ち位置（立脚点）からのものという意味でしたし、そこについては本書も変わらず、書名を変えなかった理由でもあります。

前書において、それなりに書き尽くした、言い尽くしたという感覚はあったものの、10年近く経ってみると、少子高齢化の更なる進行、人口減少の顕在化など社会状況、水道事業にとっての事業環境の変化のせいか、またそれに応じた各所各様の具体の動きなどからというべきか、得ることができた情報で知っていただきたいこと、お話ししたいことはそれなりに出てくるもので、今回も、前回と同じく、水道課在席の2年強を中心に、現時点まで勉強したこと、考えてきたことをまとめておこうというものとなりました。

労働人口の減少や地方公務員の減少以上で職員減少となってきた水道事業において、職員の育成は、今まで以上に大切なことと思います。今までのようにＯＪＴ（オン・ザ・ジョブトレーニング）といえばもっともらしくも聞こえますが、それ一辺倒の習うより慣れろでは、育成時間が長すぎるのではと、おこがましいですが思わずにはいられません。ありがたいことに国家公務員という比較的情報に恵まれた環境で勉強してもそれなりの時間と労力はかかりました。短期間で最低限の情報と認識を手に入れること、それも職業人として水道に携わる方のためにということでまとめてみました。本当のプロフェッショナルとして読むべき専門書は、たくさんありますが、今後の水道事業を考える上で、全体像を受け止めるための導入の書となればと思ったところです。それが故にいわゆる一般向けの書とはなっていませんし、また、水道各分野の専門書でもない、一見中途半端なものですが、あまり見かけないものでもあるとは思っています。専門書への導入書として読んでいただければ幸いです。

本書は通読を前提とせず、部分読みできるように構成しました。結果、同じような論旨が重ねて出てくるところがあります。構成上の理由としてご容赦ください。

また、構想段階では第四章とすべき、本書での内容に至った基本情報にあたるものがありましたが、本書一冊に入れてしまうには分量的に無理があり、続刊でまとめることとしました。ぜひともこちらの方も併せてお読みいただければと思います。

何かと結論と結果を求めすぎる風潮を日々感じるところですが、これまでの水道が歩んできた歴史経緯、その時々の事業環境とその際の選択と進路をよく知り、今置かれた、そして、将来に渡って水道を必要とする社会状況をよく見れば、自ずと将来像は浮かび上がってくるものと思います。

日々の業務から少しばかり距離を置き、少しばかり長い時間距離と少しばかり広い事業環境を見てもらえれば、そしてそのちょっとしたきっかけになってくれれば、本書を書いた目的は十分達したものと考えています。

目次

第1章

水道事業の現在位置と将来

1　水道事業の現在位置

1．水道の第四世代と事業環境

水道と呼ばれるものがどのようにして生まれ、どのような歴史経緯を踏んできたか、水道事業にとっての現在位置を確認してみようと思います。

日本において最初の「水道」が生まれたのは、江戸時代となる直前、安土桃山時代になります。周辺の水源から飲用を目的とした水を引く、ある種の土木構造物が発明され、それを指し「上水」としたのが最初です。この時期は、戦国の世から平定に向かい、城が戦闘を前提としたものから平地へと移行、政治経済の中心としての機能に変化し、周辺に城下町が形成された時期です。言いかえると、日本に本格的な都市形成がなされた時期ということになります。結果的に人口密度が上がり、城下町やその周囲だけの水では足りず、市街部周辺に水源を求め、水路により城下町に引き入れた、このような土木構造物を上水や水道と呼んだというのが、我が国における水道のはじまりです。

この上水・水道の最初が、小田原早川上水（１５４５年）とされており、かんがいと飲用併用のものでした。二番目に作られたのが、江戸の小石川上水、後の神田上水（１５９０年）で飲用専用の水道の最初となります。その後、各地に上水・水道が創られ、江戸時代を通じ40余の数に上っています。

図表 1　日本の水道起源

名　称	完成年
①小田原早川上水	1545年
②神田上水	1590年
③甲府用水	1594年
④富山水道	1605年
⑤駿府水道	1607年
⑥福井芝原水道	1607年
⑦近江八幡水道	1607年
⑧米沢御入水	1614年
⑨赤穂水道	1616年
⑩鳥取水道	1616年

出典：日本水道協会「日本水道史」

図表 2　江戸六水道水路及び給水区域略図

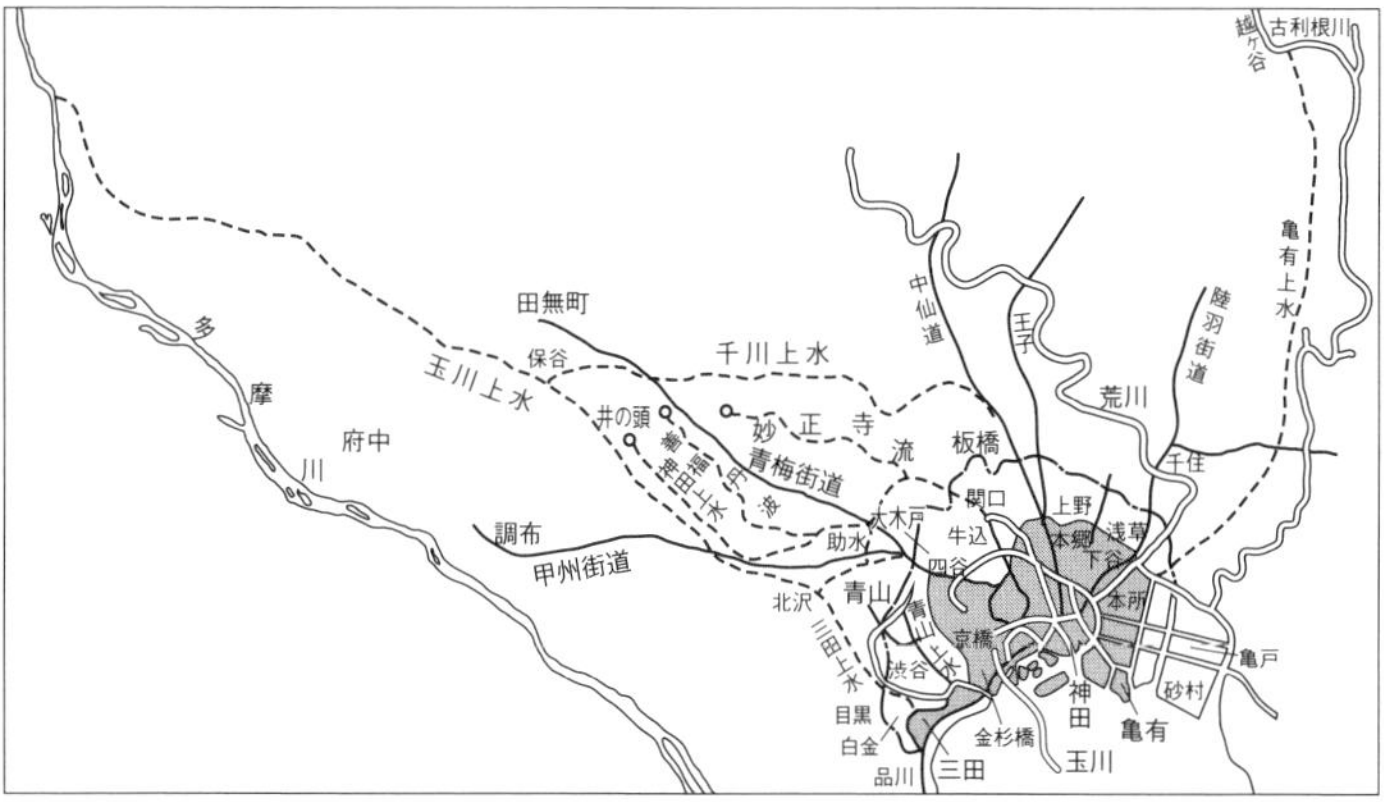

出典：土木学会「日本土木史」(昭和11年刊)

これらは、我が国独自の技術で作られたもので、たぶん後にということになるのでしょう、その材質から木樋《もくひ》水道と呼ばれるようになったものです（鹿児島ではその材料から石樋《せきひ》水道と呼んだそうです）。この木樋水道は、次の世代の水道を近代水道と呼ぶのであれば、中世水道、伝統水道と呼ぶべきものでしょうし、和製水道との表現をとられる方もおられ呼称は様々ですが、我が国の水道第一世代です。

明治になり、外来水系伝染病の猛威の中、公衆衛生の確保の必要性から、浄水処理と衛生管理、圧力給水を要件とした、いわゆる近代水道が創られます。主にイギリスの技術を導入し特に当初はほぼ輸入資材だけで布設されています。これが水道第二世代というべきもので、その創始は横浜水道（１８８７年）といったことは水道関係者ならご存じの話かと思います。この世代は第二次世界大戦前後まで続き、事業数で７００弱、給水人口２５００万人、普及率にして35％に至っています。

戦後の高度経済成長期、人口増と都市化、大都市圏の形成といった社会変化の中で、水道も対応を迫られます。まずは需要増に対応するため大規模な水源開発が不可避となりました。水道にとっての象徴的な変化は、新規水源開発の受け皿としての水道用水供給事業の誕生が挙げられます。これまでの水源から給水まで水道事業者が一手に担ってきた〝末端供給完結型〟というべき事業形態から、水源開発を国、その受け皿となる浄水処理を水道用水供給事業、そして給配水と利用者対応を末端供給事業と、水道事業が三層構造化していくこととなりました。私が勝手に名付ける水道第三世代への移行です。

図表３　水道の誕生から現在まで

城下町の誕生

第一世代：上水・水道の誕生・木《もく》樋《ひ》水道

開国・外来水系伝染病の頻発

第二世代：近代水道・末端供給完結型

人口増加・都市化・大都市圏の形成

第三世代：水資源開発と用水供給事業との三層構造化

少子高齢化から長期人口減少社会

第四世代の水道
（高規格化・省人力型、地域最適・簡素再整理型、送配分離型）

そして、現在はこの水道第三世代の最後から次世代、水道第四世代と呼ぶべきものへの移行期と言えます。人口減少は２０１０年以降に突入しますが、奇しくも用水供給事業の（認可上）最大事業数もその時期で１１１事業（２０００～２００２（平成12～14年））。２０２０年（令和２年）で38事業となり73事業の減少になっている、それも単なる統計上の付合ということでもないように見ます。第三世代の象徴たる用水供給事業が整理され統廃合の時期になった、まさに水道第四世代の幕開けと言えます。

我が国に城下町という形で都市が形成され水道（第一世代）が生まれ、外来水系伝染病対策として近代水道（第二世代）に移行、人口増加と都市化など現代社会の到来に対応し、三層構造化した第三世代水道が形作られた。水道はいつもその時の事業環境に適応、順応して世代を重ねてきています。

水道第四世代は、少子高齢化（労働人口の減少）極まって長期人口減少に移行したこの事業環境に順応したものとなります。具体的な姿など分かろうはずもありません。少なくとも私程度の浅学ではどだい無理な話。ただ言えることは、それを模索する時期である、それが水道事業にとっての現在位置であるということです。そしてもう一つ言えることがあるとすれば、簡単に新たな姿を言ってしまえるほど画一的なものにはならないのではないかと考えています。かといってこれを考える材料が何もないかといえばそんなこともありません。ここまでの第三世代までの水道がその時々の事業環境や社会要請から、その姿を創り変えてきたことを考えれば、当然、今後の水道は、水道事業を取り巻く現在から将来の事業環境を正確に読み解き、それに適応、順応したものとなるはずですし、ならなければなりません。今後の事業環境の中で水道に規定するものは、やはり少子高齢化に始まる人口構造や世帯構成の変化、長期人口減少社会の到来ということでしょう。また、それらが水道にとっていかなるものなのかを考えることによって、水道第四世代の姿が見えてくるということだと考えます。ここでは、簡単に水道第三世代と言ってしまいましたが、その具体の姿、体制は全国各地大きな違いがあります。水道第四世代の形は、さらに画一的な形とはならず、水道の原点にもどり、地勢・水文といった水環境と社会環境によって様々な形をとるものと思われます。そういったことが、この本全体で各地域でおぼろげながら見えてくれれば……と考えています。

2. 長期人口減少社会の概況

(1)　超長期の人口推移

人口構造の今後、いわゆる長期人口減少社会に入る前に、超長期の人口推移、日本の有史以来の人口推移をご紹介します。現在進行中の人口減少ですが、これは我が国にとって初めての経験ではありません。そのあたりの内容が以下です。多少蛇足的な内容でもありますので、先を急がれる方はここをとばして(2)以降に進まれてもその後の理解に影響はありません。

有史以来となると人口に関する統計が直接的に残っているわけもなし。それを様々な形で推計し人口の歴史的な姿を追う学問分野として歴史人口学というものがあります。同年代の貝塚の数や規模、中世以降であれば寺社の檀家の数やその家族構成の記録などを追い、地域から全国の人口推計を行うといった手法をとられるものです。このような研究の結果として、現在としては概ね後述する超長期の人口推移を踏んだとされています。

時々で社会システムがあり、それに支えられ社会が発展、人口増加を始め、その社会システムが飽和し限界を迎えると人口が停滞、場合によっては減少に転じ、新たな社会システムの到来により次なる人口増加へ移行する。歴史人口学の教えるところを私なりに簡単に整理してしまうとこんなところです。

現在の人口減少（若しくは停滞）というのは四回目の現象。狩猟社会とその限界としての縄文期の人口増減が一回目、農耕社会によるものが二回目、市場社会によるものが江戸時代中期以降飽和し三回目、そして化石エネルギー社会（産業革命以降の近代文明社会を明治以降実現したもの）の飽和による2010年前後をピークとした人口増減、まさに現在四回目にあたります。

狩猟社会はある意味、動物全般にみられる縄張り争いとその飽和による限界に近いもので、いわゆる縄文時代になります。米作を中心に農耕を定着させ食料生産力が高まった結果としての農耕社会が弥生時代以降。そしてそれを全国流通させる全国の海運・廻船航路の整備・定着により、日本全体で人口を支えることに成功した我が国にとっての市場社会の形成が江戸時代前後以降になります。そして、明治以降石炭に始まり石油が支えたエネルギー利用による高速長距離輸送と国際物流を実現し、それにより支えられた現在までの近代社会です。

狩猟社会として縄文中期に26万人程をもって減少、農耕社会として平安時代に700万人弱で停滞、市場経済（北前船に象徴される全国物流）の始まりでもあり水道第一世代（上水・水道の創生）が始まる江戸時代の始まり前後で1200万人余、その後江戸中期に3000万人余で停滞・減少、明治以降の化石エネルギー社会が到来、2008年の1億2800万人余を最大にして、長期人口減少期に入っています。

残念ながら情報社会は人口規模の限界を上げるような形での変革をもたらすものではありませんでした。もちろん社会発展が人口や物量だけで測れるものではなくなっているというようなこともあるでしょう。情報社会は基本的に需要と供給の差異を埋め、時間や手続きの容易化・簡略

図表４　日本の超長期人口推移（実年）

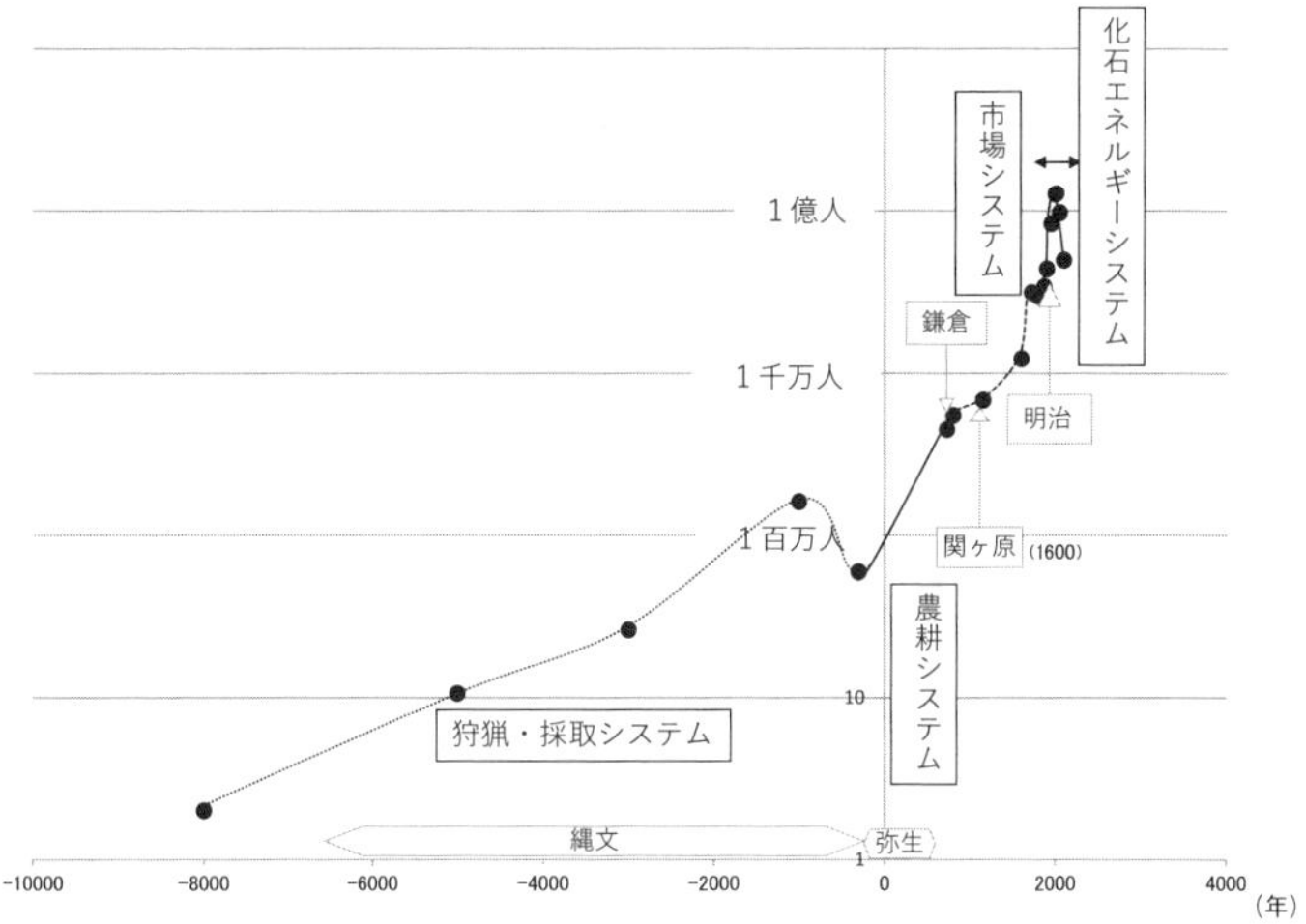

化には絶大な威力を発揮するものの、物を伴うものであれば当然物流の限界の中で行われる効率化で、その域をでないというのも確かです。ある種の大変革ではありましたが見方を変えれば結論も変わる、そういったことの一つと思います。

〝ソサイエティ5・0〟といったものもご存じでしょうか。第五期科学技術基本計画（内閣府）で提唱されたもので、簡単に紹介しますと、①狩猟社会、②農耕社会、③工業社会、④情報社会を経て、⑤仮想空間と現実空間が高度に融合した人間中心社会へと移行するというもので、IoT（Internet of Things）を介してすべての人と物がつながり、ロボット、AIなどにより情報格差が解消された社会といったものです。これなども一つの見方ではありますが、水道事業にとってはソサイエティ5・0よりは歴史人口学の社会推移の方が参考になるという印象が

図表５ 日本の超長期人口推移(時代)

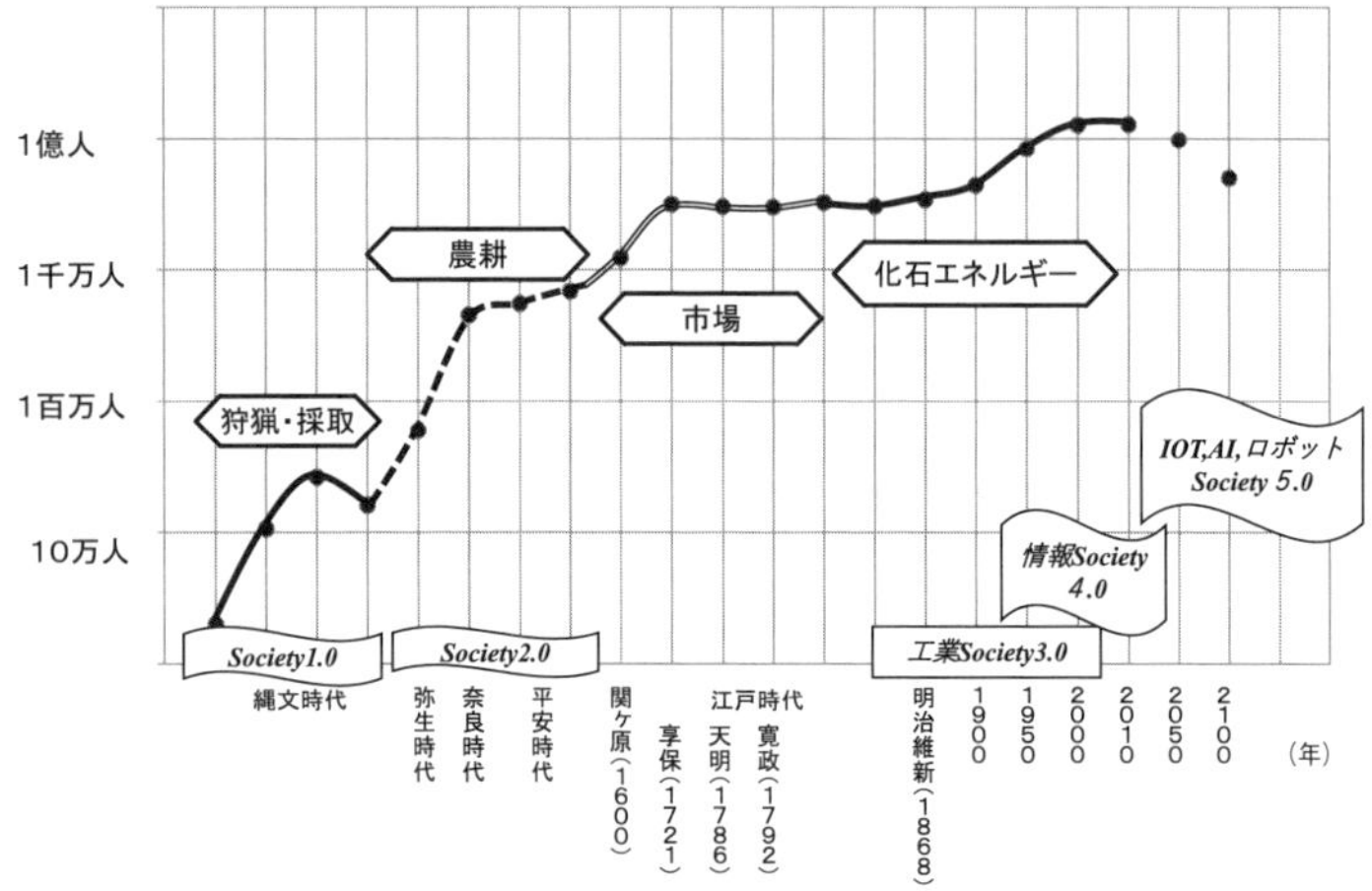

図表６ 都市活動に関する物質・エネルギー収支

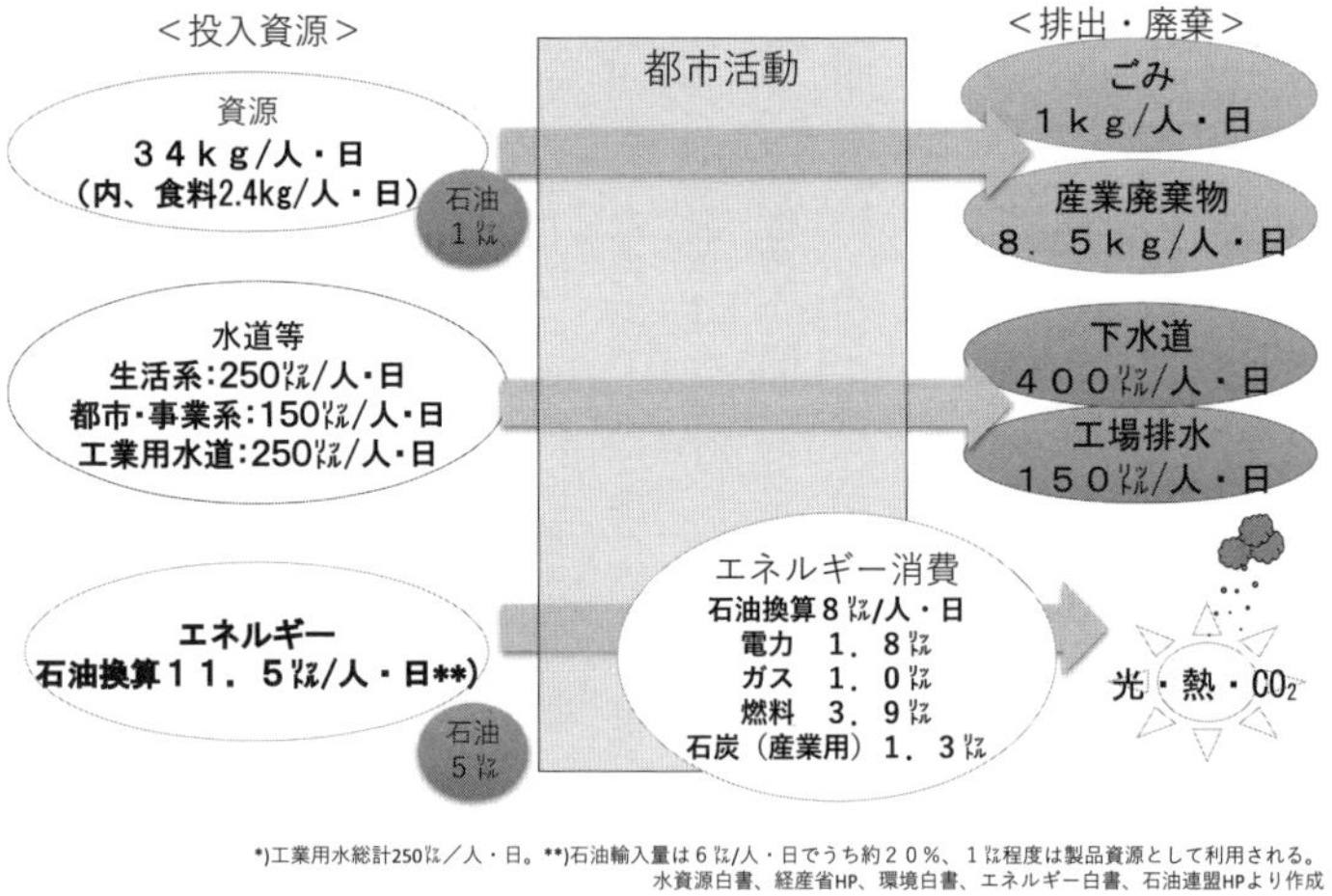

*)工業用水総計250㍑／人・日。**)石油輸入量は６㍑/人・日でうち約２０％、１㍑程度は製品資源として利用される。
水資源白書、経産省HP、環境白書、エネルギー白書、石油連盟HPより作成

あります。

蛇足ついでに、環境工学的な人口論をご紹介しましょう。ローマクラブが提唱した「成長の限界」といったものの論理的背景にもなるもので、マルサスの「人口論（１７９８）」に端を発し、後に修正、数学モデル（ロジスティック関数（若しくは曲線））化されたものです。ある環境容量に対しては生物密度が飽和し限界が来るというもの。今日的には当然のことですが、地球という惑星全体が何か無限に近いものと考えていた時代には大きな衝撃だったのでしょう。フェルフルスト（ベルギー）が考案、ショウジョウバエの増殖速度の変化などの実証などとともにパール（米）が普及させたと言われています。（参照：図表12　各国の出生率と人口密度の関係）

(2) 明治以降の人口推移

明治以降の人口推移をご紹介しましょう。

明治政府としての人口統計の最初は、内閣統計局推計として出している明治5年（１８７２）の３４８１万人になります。これ以降、近代社会・化石エネルギー社会としての発展、工業化社会や都市化の進展とともに急激な人口増加を迎える一世紀強となります。２００８年には1億２８０８万4千人を数え、その後増減する二年を経て２０１０年に1億２８０５万7千人となって以降、一貫した人口減少、長期人口減少社会に移行しています。１８７２年から２０１０年まで１３８年で四倍弱の３・7倍、９３２５万人の増加、年平均にすると68万人の増加となっていて、

図表７　明治以降の人口の推移（中位推計）

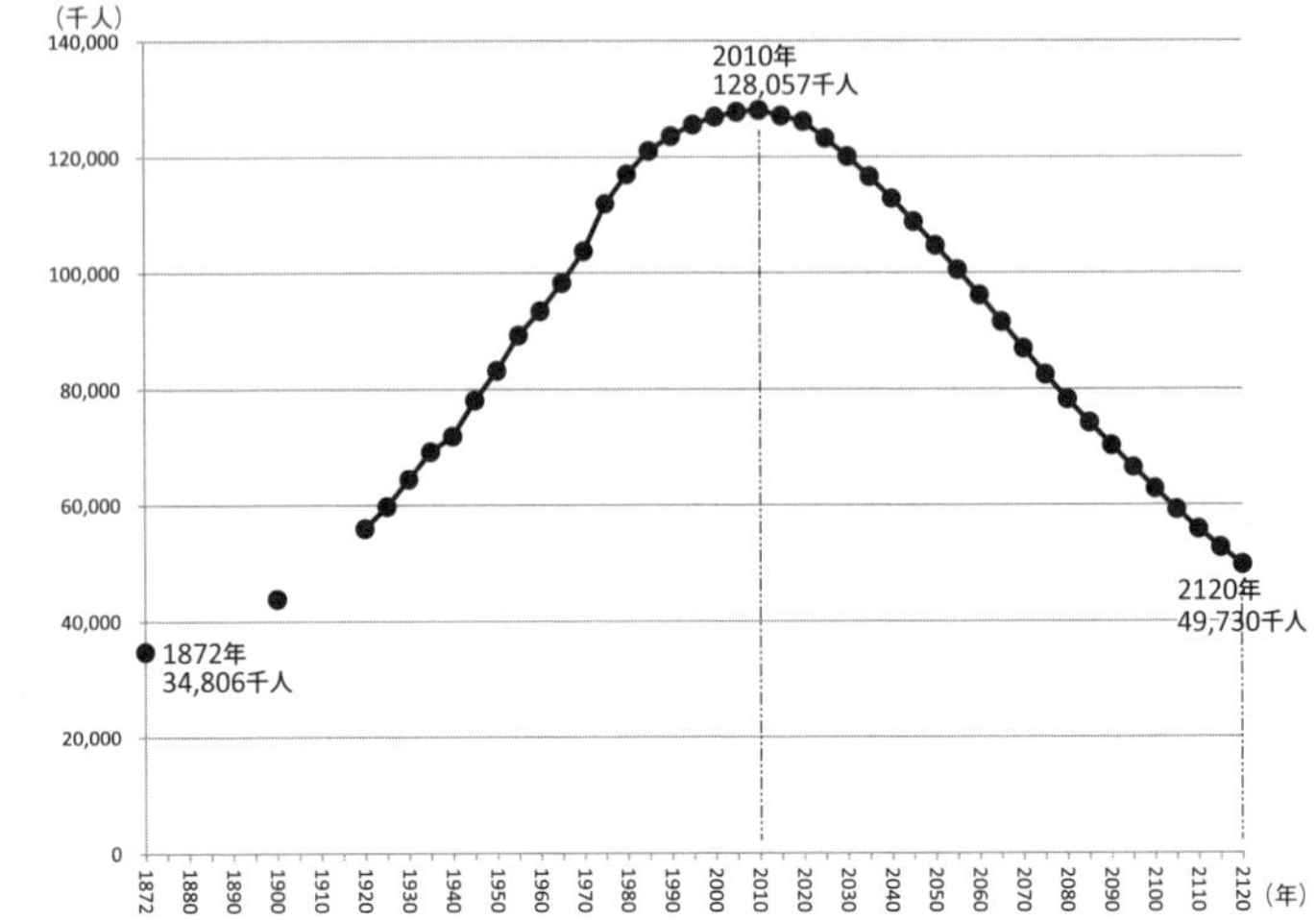

このような事業環境の変化の中、近代水道としてはゼロからほぼ完全普及にまで水道を作り上げたことになります。

今後は、少子高齢化極まり、結婚・出産期の人口が低下、結果として人口減少が長期に続くものと推計されます。２０２０年の国際調査を基準年とした今後百年の将来人口推計（国立社会保障・人口問題研究所）が示されていますが、これによると中位予測で２０５０年に1億４６９万人、これから約50年後の２０７０年に８７００万人、２１００年に６２７８万人、基準年１００年後の２１２０年に４９７３万人で明治末期の人口になるものとされています。

図表８　人口ピラミッドの推移

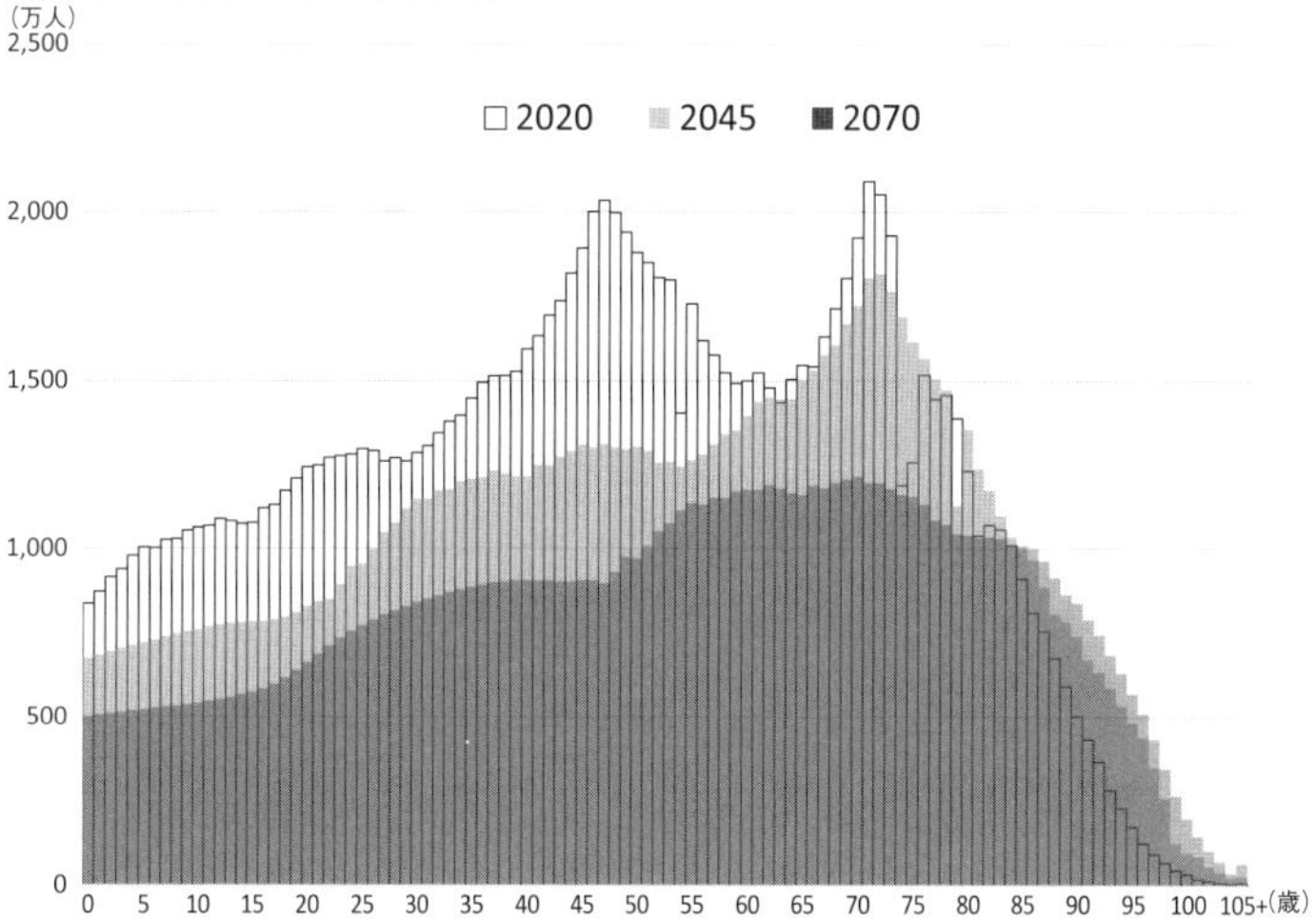

（3）日本の人口構成と今後の推移

明治以降の近代社会突入後の人口増減をご紹介しました。乳幼児死亡率の低下、平均寿命の延び、出生率の増加などから人口は大幅に増加し、更に戦後、二度のベビーブームを経て、現在、人口減少期の入り口にいます。ここまでの経緯から今後起こる長期減少社会がある種の必然であることが分かります。今後の人口推計の確度を知るために、日本の人口構成の推移をご紹介します。

戦中の出生率が低下したものから、戦後、結婚・出産が大幅に増加し、第一次ベビーブーム、後に団塊の世代と呼ばれる世代が生まれます。昭和24年（１９４９）の２６９万７千人がそのピークになります。

その後、出生率は低下、昭和41年（１９６６）の丙午で極端に出生数が減少（１３６万１

千人、前年昭和40年が182万4千人、後年昭和42年が193万6千人、昭和43年187万2千人）したのを経て、昭和48年（1973）の第二次ベビーブームのピークを迎えます。これは、第一次ベビーブームの世代が結婚・出産期を迎え、その次の世代が誕生した時期になります。

合計特殊出生率の推移を見ると、昭和22年（1947）の4・54から減少、昭和36年（1961）に1・96まで減少、再度上昇して昭和42年（1967）に2・23、昭和50年（1975）に再び2・00を下回る1・91となり、平成17年（2005）の1・26まで減少を続け、その後、多少上昇し、1・4程度から低下、2020年で1・33といった推移をしています。

前述のように、合計特殊出生率が2・00を下回れば、基本的には潜在的に人口減少局面。昭和50年前後に増加に転じた実績が、その後の人口減少への理解を遅らせた可能性があるように思いますが、1980年代以降においては、いずれ来る人口減少という基本認識を結果論ですが持つべきでした。

人口減少そのものの善し悪しは、何を中心的に考えるかによって様々だとは思いますが、これだけ早く、今後急激に人口を減らすことになった直接的な理由は、第三次ベビーブームがなかったことにあります。少子高齢化は決まり文句になっていますが、平成17年（2005）から5年ほど少子化（出生数の減少）が止まった時期があります。これは第二次ベビーブームから約30年後の時期で、第二次ベビーブームの世代の結婚・出産期にあたりますが、出生数の明確な増加とならず、出生数の維持程度にしかなりませんでした。これ以降については、出生率の低下ももちろんありますが、そんなことより何より、親の世代の絶対数の減少が出生数の減少に大きく影響しています。出生率の低下から人口減少まで30年以上の時間の経過が必要だったと同じように、仮に出生率が上昇しても、親の絶対数が増加するまでに30年、さらにその先に人口増加に転じるという経過をたどります。現状をみれば、今世紀中に人口増加に転ずるのは事実上不可能ですし、それが後述の将来人口の推計に反映されています。

ドラッカーが著書『すでに起こった未来』の中で、「重要なことは、すでに起こった未来を確認することである。すでに起こり元に戻ることのない変化、しかも重大な影響をもつことになる変化でありながら、未だ認識されていないものを知覚し、かつ分析することである。」と述べています。私には〝すでに起こった未来〟というより「これから来る過去」という方が感覚に合います。多かれ少なかれ将来というのは、過去と現在が既定するもので、その過去と現在は、知ろうとすれば知ることができるもの、勉強できるものです。「歴史を勉強すべき」といった言い様がありますが、これも私の感覚だと、「勉強できることは歴史しかない。」という方がしっくりきます。過去と現在で分かることをどれだけきちんと将来に向けた取り組みに反映させられるかということが問われているように思います。その大きな一例がこの人口動向に関する認識と思っています。

余談になりますが、「少子高齢化社会」という言葉に触れておきたいと思います。この言葉は基本的に社会保障分野の言葉で、この言葉が使われるようになったのにはそれなりの必然性があります。社会保障は基本的に相互扶助、その助け合いの構図から成り立つものですから、世代間の人口比が最大の関心事で、人口総数そのものは中心的な課題になりにくいということがあります。この分野では、少子高齢化が現象として先に来るということもあり、人口減少に重きが置かれなかった印象があります。また、よくよく考えると少子化と高齢化は相対する概念でなく、子供の減少と人口構成からの平均年齢の上昇や高齢世代の比率上昇を意味するこの二つの概念を合わせたものになっていて、ちょっと変わった語感です。水道事業にとっては、その需要が現役と高齢者で変わるわけでもなく、人口の世代構成に大きな関心を払う必要はありません。まさに社会保障ならではの言葉でしょう。少子高齢化はともかく、人口総数の推移には、強い関心を持ち人口構成の推移や出生率の低下にもう少し感度をもっておくべきだったと思います。（もっとも、人口減少が水道事業への影響自体に問題意識を持てなかったことを考えれば何をかいわんやです。）

社会において語られる言葉は、その関心の対象と特有の観点があって生まれるもので、それが我がこと、水道事業であればその事業環境にどういう影響をもたらすのか、それを解釈する必要があります。そういった意識や認識、課題設定をどれだけ持てたかについては、反省すべきことも多々ありと思います。

⑷　将来人口の推計方法と高位・中位・低位推計

①　人口推計の方法と推計値の理解

人口推計（国立社会保障・人口問題研究所）では、正確には9通りの推計を行っています。人口の増減は、基本的に出生数と死亡数の大小で決まります。各年度の各歳の人口構成から出生数、死亡数を推計し毎年度の変化を追っていくコーホート要因法と呼ばれる方法で行われています。（コーホートとは人口観察の単位集団で、この人口推計においては出生コーホート（出生年が同じ人口の集団）としています）この基本要因である出生数、死亡数についてそれぞれ高位、中位、低位の３通りを設定し、３×３の計９通りの推計が示されています。

ここでは、最も人口が減少しない出生高位・死亡低位（ここでは高位推計とする）、出生中位・死亡中位（中位推計）、最も人口が減少する出生低位・死亡高位（低位推計）をご紹介しつつ、これまで、そして今後の人口がどのような背景・理由により動くかを見ていきたいと思います。

まず言えることは、人口推計は大きく外れようがないものとなっていて、せいぜいこの高位～低位推計の程度の誤差範囲に収まるということです。出生率、ここで用いている出生率は合計特殊出生率になりますが、これは女性1人（つまりは男女一組）から何人の子が出生するかという数字で、2.0でようやく人口維持（正確には乳幼児死亡率の関係から2.05～2.1程度）となる数字です。２００５年の1.26からは多少上昇（２０１５年1.45、２０２０年１.33）したものの、2.0には遠く及ばず、潜在的に人口減少局面であることは変わりません。「どの程度減るのか？」まさに程度問題を推計していることになります。ちなみに日本が2.0を下回ったのは１９７５年でそこからずっと2.0を下回ってきましたが、人口減少が顕在化するのに35年もかかっています。平均寿命の長くなった事（男性約72歳、女性約77歳（１９７５）、男性約82歳、

図表9　人口推計(2020～2120)

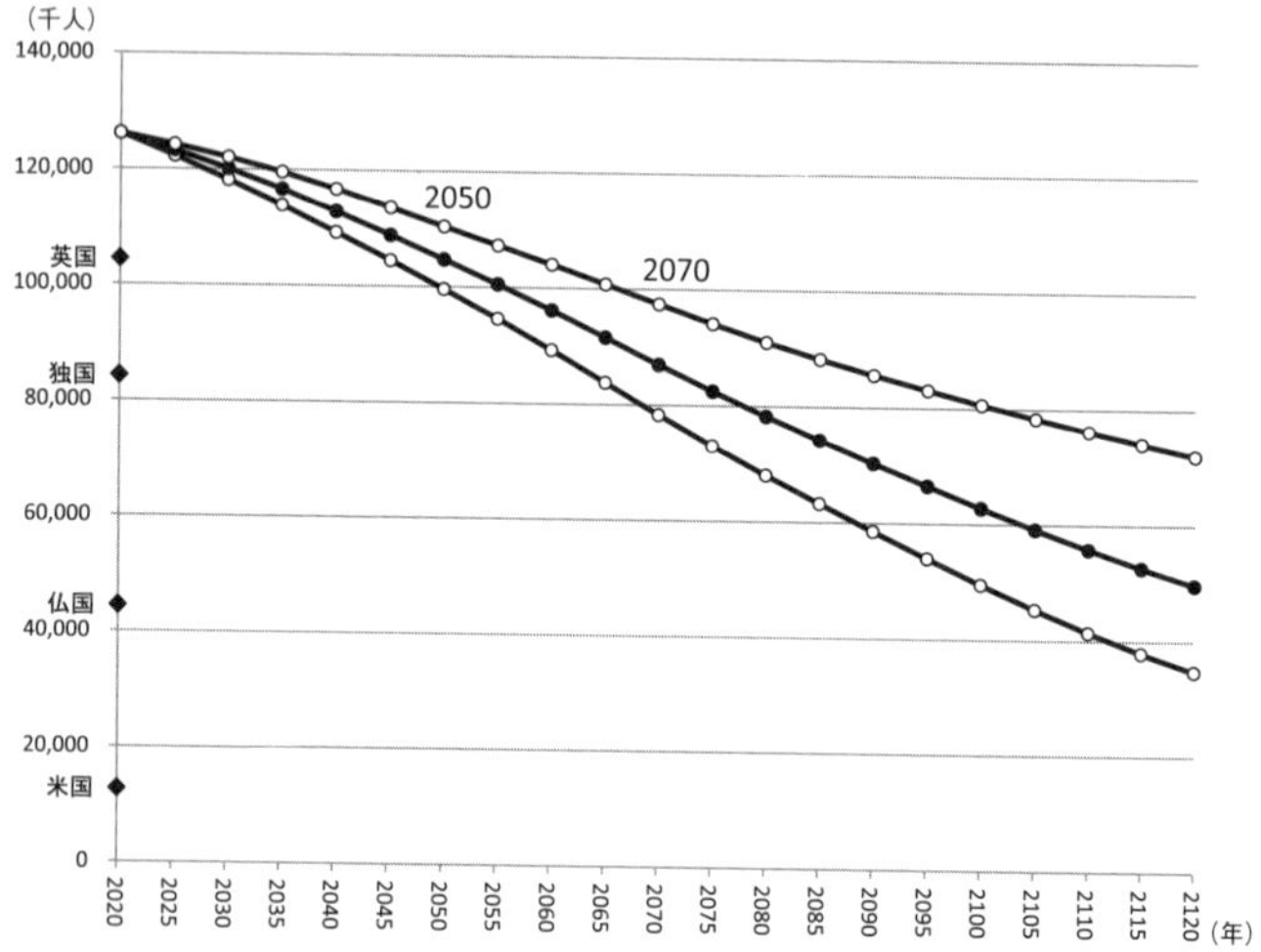

女性約88歳（２０２０）もあって、これだけの時間遅れになって出てくる現象となります。

逆に、少々出生率が上昇しようとも２・０を超えなければ増加局面とはなりませんし、仮になったとしてもそれが顕在化するのは3、40年後の話。当面、人口増加の心配はいりませんし、出生率に注目していれば人口増加の準備は十分とれます。

加えて出生率が２・０を下回って45年。既に結婚出産世代の人口そのものが減少の一途をたどっていることも注目すべきことです。日本のように国際的な移入が小さい国において、その年の出生数は、30年後の出産世代の数。第一次ベビーブームは約２７０万人（１９４９）、第二次ベビーブームは約２０９万人（１９７３）だった出生数が、１００万人を下回り令和４年（２０２２）の速報値では80万人になっています。仮に出生数80万人で今すぐ少子化が止まり

図表８　人口ピラミッドの推移（再掲）

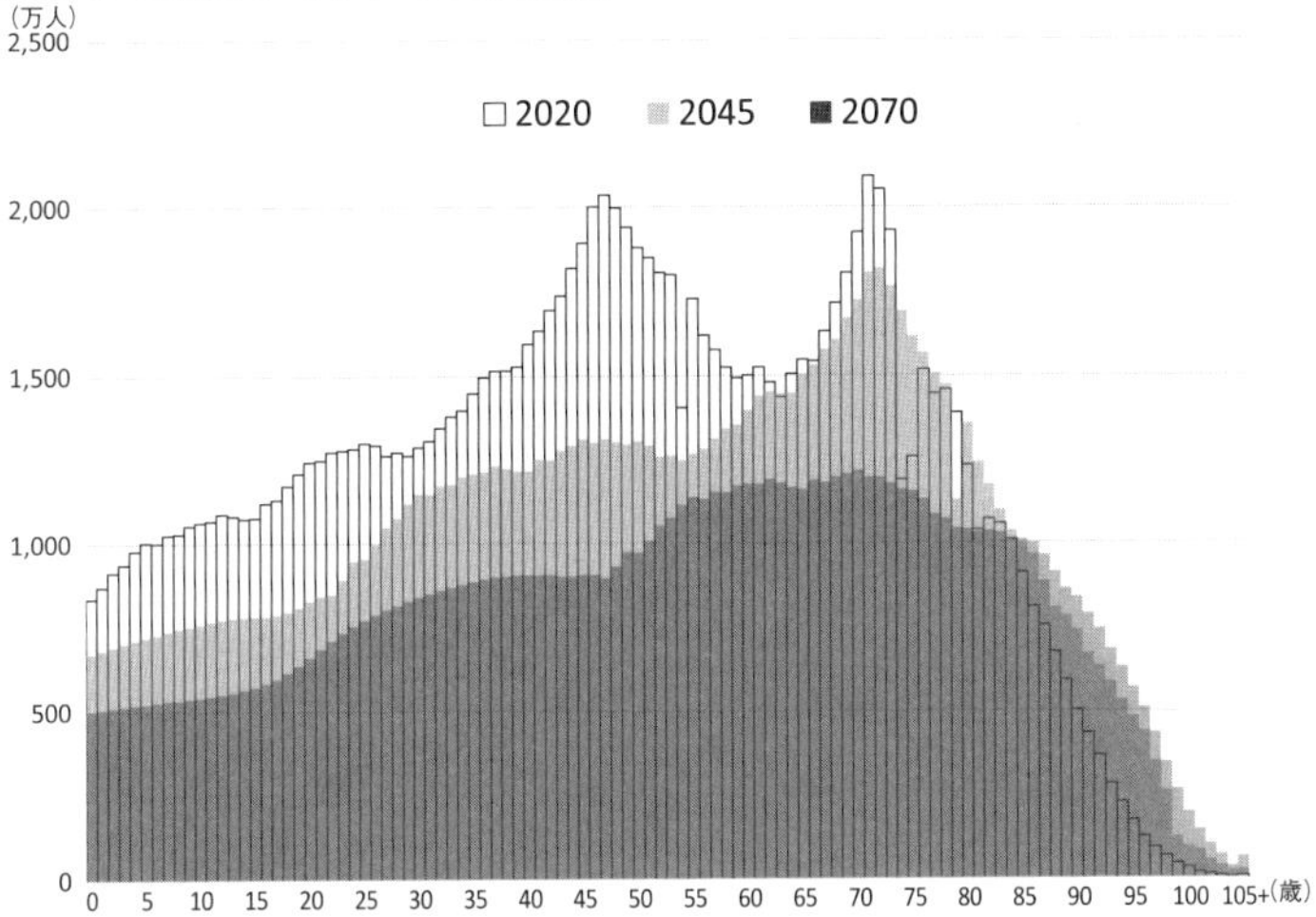

維持できたとしても、平均寿命90年と長くとったところで７２００万人にはいずれなるということになります。今後の出生数の動向次第でどこまで減るか、それが高位～低位推計の意味合いです。

再度、高位～低位推計の図表を見てみてください。これをどのように読み取るか。水道事業のような立場だと、何かしらの計画立案とともに見るということになろうかと思います。計画の設定年を決めて……多ければ何人、少なければ何人、いわば縦に読み取る方法です。私自身もかつてそうしていましたが、よく考えてみればこれは横に読み取るべきものでしょう。人口減少という現象自体は延々続くわけで、１割減るのは早ければいつ、遅ければいつ、水道のように時計の遅いものであればこういった読み取り方をすべきです。全国を例にとれば、「１億人（約２割減）となるのは早ければ２０５０年、

図表10 将来人口推計の設定

	出生高位 死亡低位	中位	出生低位 死亡高位	2020実績 （1970年生まれ）
長期の平均寿命	男性87.22 女性93.27	男性85.89 女性91.94	男性84.59 女性90.59	男性81.58 女性85.89
長期の合計特殊出生率	1.64	1.36	1.13	1.33
女性平均初婚年齢	28.1	28.6	29.0	27.2
50歳未婚率	13.4%	19.1%	25.6%	15.0%
完結出生児数	1.91人	1.71人	1.54人	1.83人

遅ければ２０６７年。」というものです。ある時点で目標となる人口（＝需要）を設定してしまうとそれによりすべての施設容量や事業規模が決まってしまいます。大切なのは、減り続ける過渡期としての値であり、その人口で、その先延々人口減少が続くということを読み取ることがとても重要になります。

② 高位推計〜低位推計の設定

ここで、高位推計〜低位推計の設定の違いを簡単にご紹介しましょう。

高位推計は当然、出生率が更に上昇し、平均寿命もまだ延びるといった設定になっています。具体的には出生率1・64、平均寿命男性87歳、女性93歳といったものです。

中位推計は、現在実績を基準にこれまでの傾向を踏まえて設定したものです。

低位推計は、出生率1・13と過去最低を下回る設定となり、平均寿命の延びももうそろそろ頭打ちで、男性85歳、女性91歳といったところになっています。この出生率の設定は東京都を少々上回るものとなっていて、日本で最も少子化が進む東京の結婚・出産行動が全国化した場合といった設定になっているものです。東京の行動様式の伝搬力を考えるとあるかもしれないと、低位推計の設定としては妙に納得しています。

(5) 人口動向と主要国比較

人口減少に関して、大変な状況との話が通説となっていて、場合によっては亡国論に近いものまで見受けます。この辺りを冷静に見るため、各国比較などから様々な見方をしてみましょう。

そもそも日本の人口は多すぎないか？からです。食糧自給率４割弱、そもそもこの国土でこの人口を支えきれないという事態をどう考えるか、少なくとも環境的には破綻している、多すぎるとしか言いようがありません。日本と同程度の国土面積を持つイギリス・ドイツ・フランスの３国と比べても日本の人口密度の高さは抜きん出ています。日本の国土面積相当の各国の人口を計算すれば、イギリスで1億人、ドイツ８千万人強、フランスに至っては４千万人強。人口の少ないことが絶対的な問題であれば、日本の人口減少どころではありません。

人口増加の高度成長期、その当時の論調は、どうやって人口増を抑えるか、これ以上人口が増えたらどうなるか、でした。一転、人口減少期に入ればそれが大問題。結局のところ、今と異なる状況へ変化することに対する違和感、危機感といったものが、今日的には人口減少というもの

図表９　人口推計（2020～2120）（再掲）

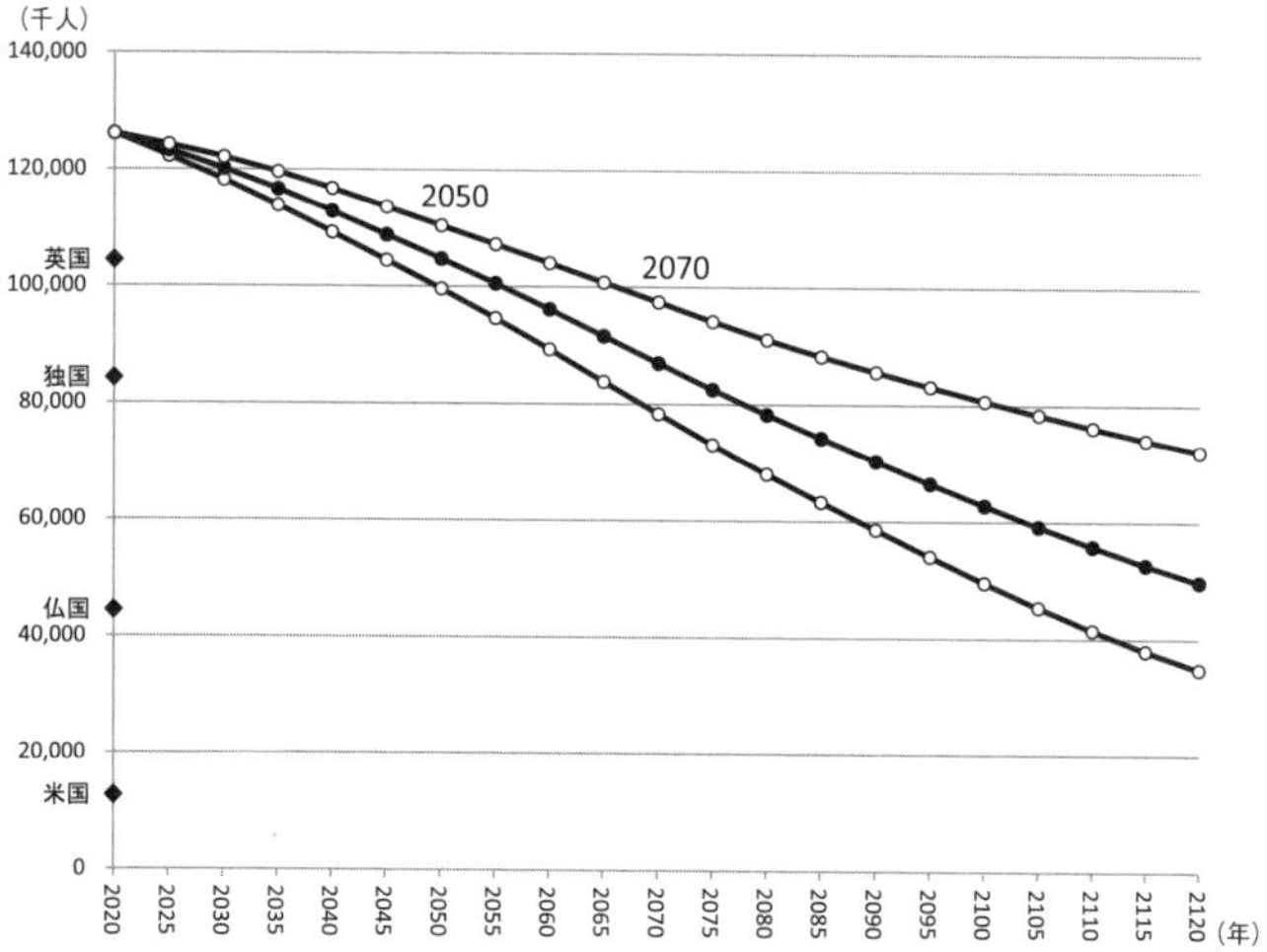

であるということでしょう。人口が減る減るといっても、所詮、30年かけて今のイギリスになり、さらに20年ほどでドイツとなり、１００年後にフランスになっている、その程度の話です。当然、水道を含め今の社会システムから見れば、この事態にどう対応するのか、その大変さに気持ちがいくのは分からぬではないですが、これまで明治以来１５０年かけて一から近代社会を作り上げたこと、しかも４倍の人口増を考えれば、これから先の百年かけて人口減少社会に適応した社会システムを作ることも決して不可能とは思えません。このような時代変化、時間経過と変化度の両面から見て、順応してみせる、そういう冷静な覚悟が必要かと思います。時間はないようであります。逆に、今にとどまればないに等しいもの。そんなふうに見ています。

せっかく各国比較をしましたので、国土状況や出生率の動向など、ここまで述べてきた観点

図表11　各国の国土状況の比較

	面積 （万㎢）	人口 （万人）	人口密度 （人/㎢）	自給率 （カロリー%）	森林率 （%）
日本	37.8	12615	338	39	68.4
英国	24.4	6708	277	63	13.2
仏国	55.2	6512	118	127	31.5
独国	35.7	8316	233	95	32.7
米国	983.4	32824	31	130	32.9

総務省統計局世界の統計2022等
面積・人口（2020、米人口2019）自給率（農水省2019、日本2021）

からの話を加えておきたいと思います。

日本の森林率は７割弱。他国と比べて極端に大きいのがおわかりいただけるでしょう。森の国というドイツと比べてもそれは明らか。森林というよりいかに日本が山がちか分かろうかというものです。食糧自給率（４割弱）の問題を上げましたが、それはこの国土と人口なら致し方ない話。よく比較にでるフランスですが、人口密度は日本の１／３。自給率がかたや４割弱、かたや約１３０％といっても、各々の国土で生産される農作物の量（カロリー）には大差はなく、この自給率の大きな差はほとんど人口密度の違いによるものです。いかに日本が環境容量に比して人口が多すぎるか、日本はせいぜい５千万人を養うのがやっとの国というのが分かりますし、その中で水だけは自給しきってみせたというのは、十分誇れることかと思っています。その背景にはダム依存の水資源開発があります。

図表12 各国の出生率と人口密度の関係

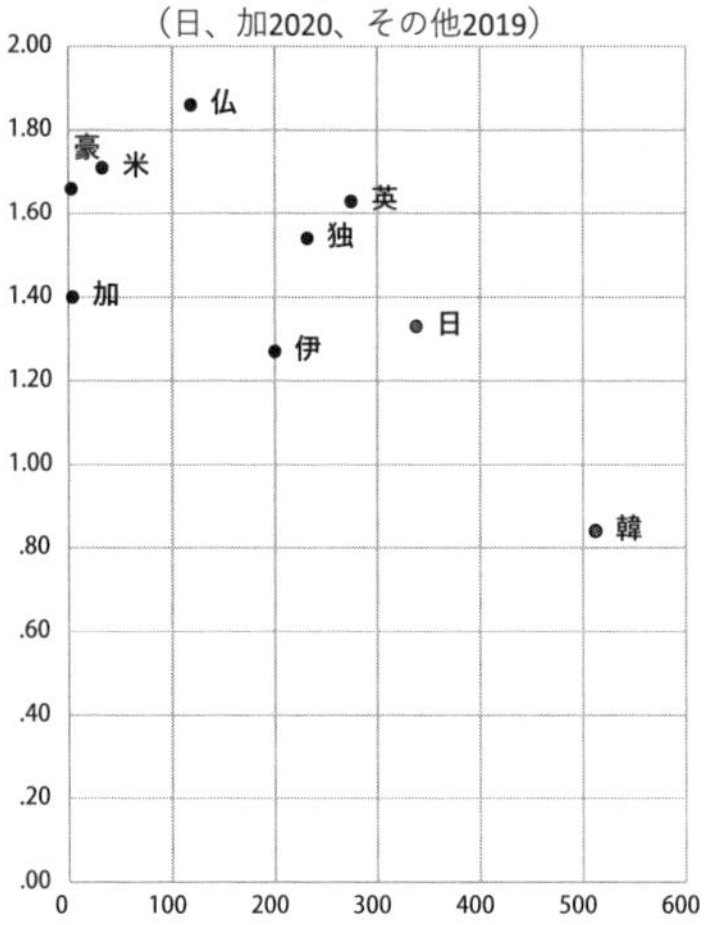

人口の動向（社会保障・人口問題研究所（人口統計資料集2022））

図表13 各国の人口密度と出生率の推移

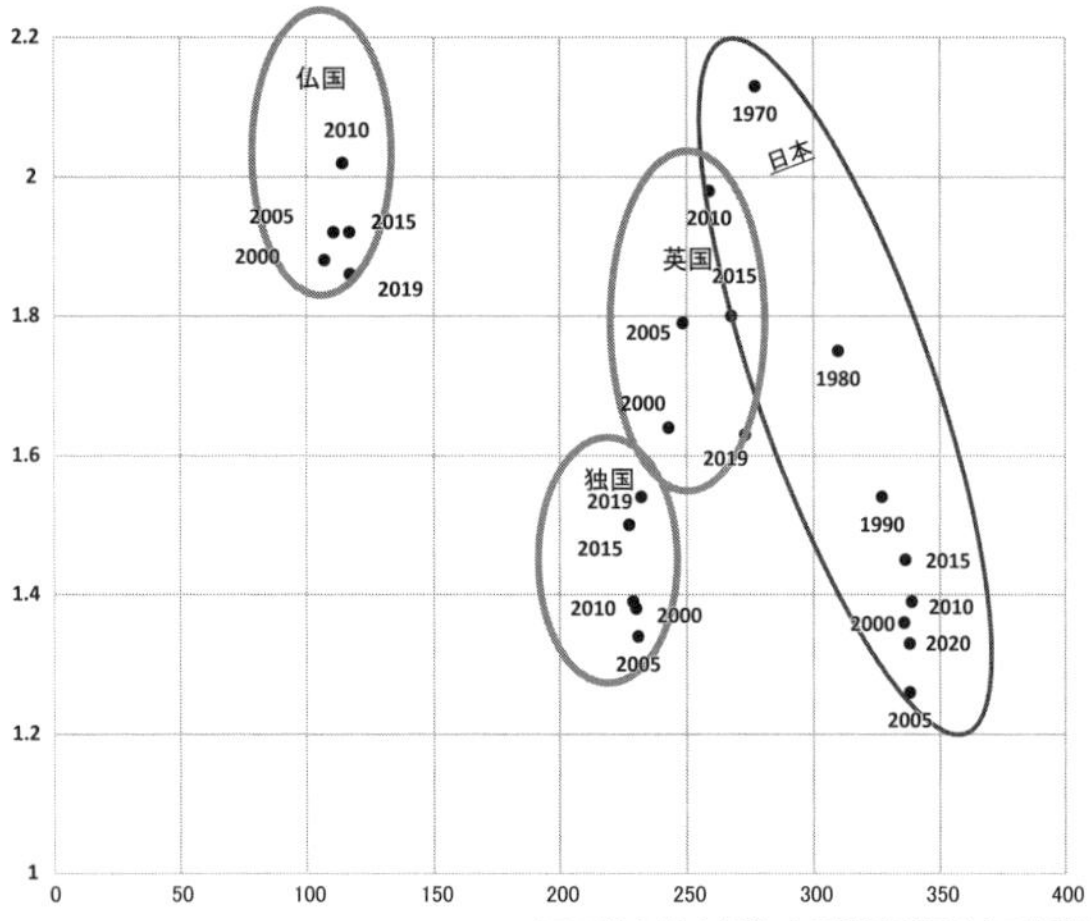

人口の動向（社会保障・人口問題研究所（人口統計資料集2022））

その事情を知らない一般認識では、水の豊かな日本ということになってしまいますが、さにあらず。多大な水資源開発とその配分で高度な社会システムを作り上げた長年の努力の賜物と本当に思います。

もう一つの話、出生率の話に進みます。環境工学の考える人口論、ロジスティック関数といった考え方から各国の状況を整理してみたのが図表12です。人口密度が上がれば出生率が下がるという傾向が見て取れるかと思います。これもよくフランスを例に、出生率が高いフランスに比べ日本の少子化対策は……といった論調を見ますが、人口密度が日本の１／３。環境容量の大きさ、開発余地の大きさで比較すべき国とは（少なくとも環境工学的には）思えません。そういう意味では、日本に近い人口密度を持つイギリスであればまだ分からぬではありません。

日本もイギリス程度の人口密度の時期には、現在のイギリス以上の出生率でした。そこから急激に出生率が低下しています。日本の狭さを実感したのかどうか、心理的なものがどれだけ出生率に影響したか分かりませんが、そう理解してもそれなりにつじつまの合う話にはなっています。

ちなみに、江戸時代の人口停滞や減少は、食べられなくなって飢饉による餓死、間引きなどを想像しがちですが、死亡率の増加よりむしろこの当時も出生率の低下が主要因とされています。社会システムが飽和し、その社会としてある程度の豊かさに到達すると出生率が下がるというのは、現在の日本もかつての日本も共通であったとされているところです。現在が本当にそうか？このあたりは下手なことは書けませんが、少なくともバブル経済の前後、DINKS（ダブルインカム・ノーキッズの頭文字）が流行り言葉となり、夫婦二人で働いて子供などいない方が豊かな

図表14 都道府県別人口減少率

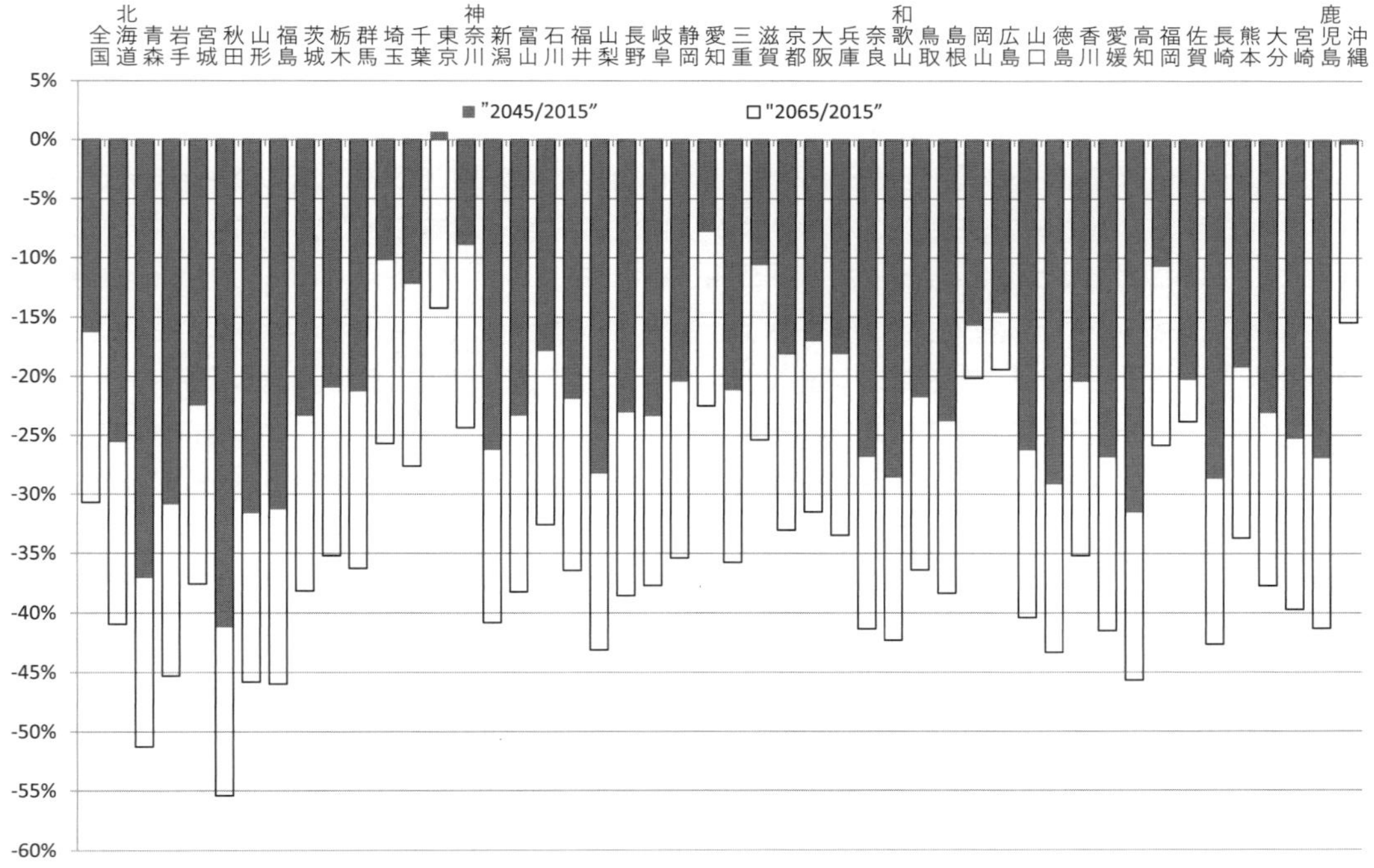
全国
北海道
青森
岩手
宮城
秋田
山形
福島
茨城
栃木
群馬
埼玉
千葉
東京
神奈川
新潟
富山
石川
福井
山梨
長野
岐阜
静岡
愛知
三重
滋賀
京都
大阪
兵庫
奈良
和歌山
鳥取
島根
岡山
広島
山口
徳島
香川
愛媛
高知
福岡
佐賀
長崎
熊本
大分
宮崎
鹿児島
沖縄
5%
0%
-5%
-10%
-15%
-20%
-25%
-30%
-35%
-40%
-45%
-50%
-55%
-60%
"2045/2015"
"2065/2015"

暮らしを謳歌できる、新たなライフスタイル、ライフプランともてはやされたのも事実です。また、これ以上の生活を望めないとなると、結婚、出産、子育てに積極的になれないというのも理解できるところ。このような社会全体の空気、気の持ちようが大きく影響したように私には見えますし、前述の歴史人口学で言えば、社会システムの飽和による人口減少と説明するところなのでしょう。

(6) 都道府県別の状況

都道府県別に見て、最も晩婚化・非婚化が進み出生率が最低なのは東京都。東京都が現状でも多少の人口増や維持をできている理由は、地方が東京に人口を供給しているからに他なりません。地方が本格的な人口減少期に入り、労働人口減、特に若年労働人口が減少して供給能力を失えば、時間差で東京都などの人口減少も始まることになります。これが人口構造の変化たる長期人口減少社会の様相です。かつての過疎過密といった地域格差問題でないというのが注意点です。

全国で、出生率の高さから人口減少が緩和されている、その代表は沖縄県です。それでも出生率2・0程度で、あくまで人口減少の程度問題ということになります。

ここ20～30年については多少のばらつきがあるものの、その50年先をみればいずれも2割内外からそれ以上の人口減少を覚悟しなければならない状況というのが見て取れます。厳しいところでは、半減も視野にいれてということになりますが、それをどの程度、実際的な感覚として受け入れられるか、基本認識の再構築が必要と思います。

3. 水道事業への影響

長期人口減少社会が水道事業にどのような影響を与えるか、人口減、需要減、収入減、致し方ない話で水道事業の持続性が危ない、といった単純な話になりかかっているように感じています。

かつては、こういう人口減少の影響を考えましょうというと、「本当にそうなのか」と考える方を想定して、論旨を組み立てていました。一方、今般、このような人口減少と事業影響は認めてしまって、仕方がないといったあきらめに近い感覚になっているのではと心配したくなることもあります。

まずは、意識的・無意識的に現在の事業方式や体制を固定したまま人口減少というその事象の悪影響だけを見て致し方ないこととしてしまう、そういった立ち位置から一旦離れ、事業環境の変化というところまで距離を置き、冷静に全体をみて、立ち位置を決める、その糧となるような整理をしていきたいと思います。避けがたい事業環境、事業条件ですが、どこまで戻って考えるのか、やれることはたくさんありますし、思いの外それをやる時間もあるものです。

図表15 水道事業の費用構成（2020年全国平均）

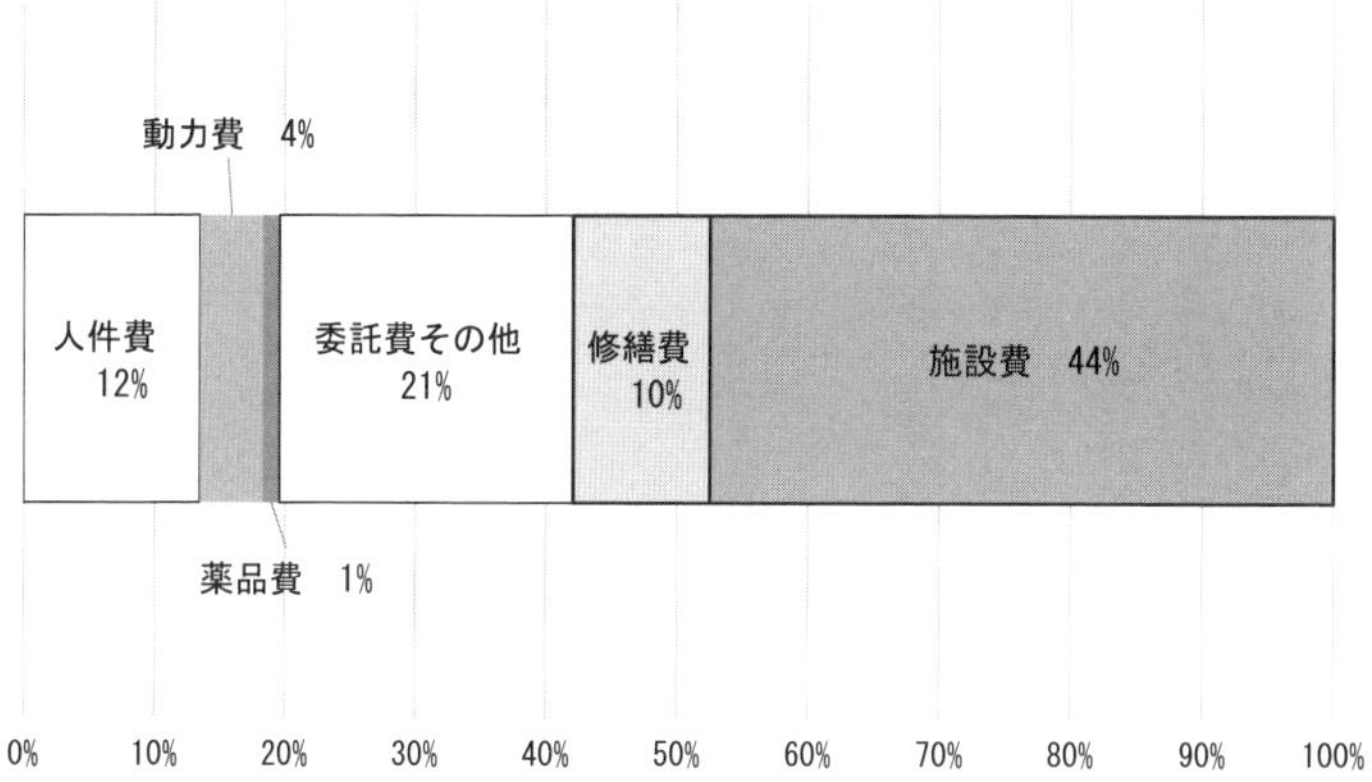

(1)　総論

人口減少といっても縮小均衡が図れれば別段問題にはなりません。縮小均衡の図りやすさは、需要連動の費用比率がどれだけあるかですが、少なくとも水道で需要に連動するのは、多めに見積もってもせいぜい動力費と薬品費ぐらいで1割にも満たない（2020年で5％）、巨大施設・装置産業に当たります。建設関係の単年度負担額相当だけで5割弱、修繕関係を加えれば半分を超えます。それだけに、このような状況変化を早く正確に把握し、資産管理や事業体制に反映させる必要があります。

ちなみに、同じ市町村が主体で実施するゴミ処理などは、施設費用が1割程度で、収集運搬等の費用比率が高く需要減少に対してそんなに苦労せず対応できそうな印象があります。施設投資の2／3は管路の水道事業にとって、人口と需要のみが減少し給水区域面積が減少しないというのは最悪の条件となります。事業効率が低下し、1人あたりという意味では費用高となる、これは水道事業に限らず、公共事業一般において共通の課題。その解決策としてコンパクトシティ、市街部集約・縮小が取り沙汰されているわけです。ただ、このコンパクトシティというものも、立場によっては駅前集約化やシャッター街対策など想定するものは様々です。水道事業にとっては、導送水系は離散していても仕方がないですが、問題は配水系。集落が離散していることより、集落内の離散が問題でしょう。そう考えれば、コンパクトシティというより、コンパクトビレッジと言うべきか、集落内居住の集約化を提案したいところです。事業ごとに事情は様々だと思いますが、単純にコンパクトシティを肯定的に（?）見るのでなく、水道事業の条件改善としてどのような施策が直接的に影響するか具体性を持ってみることが大切です。

(2) 事業（外部）環境 ～需要変化と事業経営

人口という需要の主要因が減少するのですから、これを捉えてどう対応するかです。決して今の施設容量と事業運営方式を固定して、減っては困る的なことを考えてみても仕方ありません。これは前提条件であって、それ自体をどうするというものではないのです。水道事業側で何ができるか、何をどう変えていくのかと考えざるを得ません。

全て全国総計での解説になってしまいますが、１９８０年代以降の事業系需要減少、そして、２０００年代になっては、値下げ事業者の増加が、全国統計で見ると収入減に大きく寄与しています。ここ数年、収入減が底を打ち、多少増収を見せているのは、値下げ事業者がほとんどなくなり、値上げ改定事業者ばかりになってきた影響のように見えます。料金改定事業者数自体はさほど変化がなく、高度成長期のような改定事業者数の増加を見せているわけではありません。全国的に見れば、『人口頭打ち、施設が完成してからの30年間で、設備投資抑制が行われ、場合によっては料金値下げも行われ、全国的な料金収入が微減した時期を経過し、再度、施設の老朽化とともに設備投資が増加、値下げ改定事業者はほぼなくなり、全国的な料金収入は人口減少を上回り微増となっている状況。』と要約できます。

基本的な理解はこれでいいのですが、水道事業経営という意味で見れば、もう少し詳細にその内容を見ていく必要があります。水道料金は、生活系だけをみても世帯単位の契約と収入であって、一人一人に費用負担を求めるものではありません。（携帯電話などは個人負担、自動車なども地方に行けば一人一台といったように、事業ごとに利用と負担の関係は異なります）世帯数、すなわち契約件数と理解してもよいのが水道事業の特性です。全国的に見ればこの世帯数は、未だ増加中。（ここ数年で減少に転じるものと推計されていますが……）契約件数が増えれば増収になるのが一般的なビジネスですが、なぜそうならないのか。その理由の一つが水道事業で常識化されている逓増制料金体系と見ます。（もう一つ大きな要素は、事業系の減少で、これは後述）

割引率、20㎥／月に対して10㎥／月の場合、１㎥あたりの単価がどれくらい割り引かれるかを

図表16　生活系10㎥／月と20㎥／月の１㎥あたり単価比較（大規模事業者）

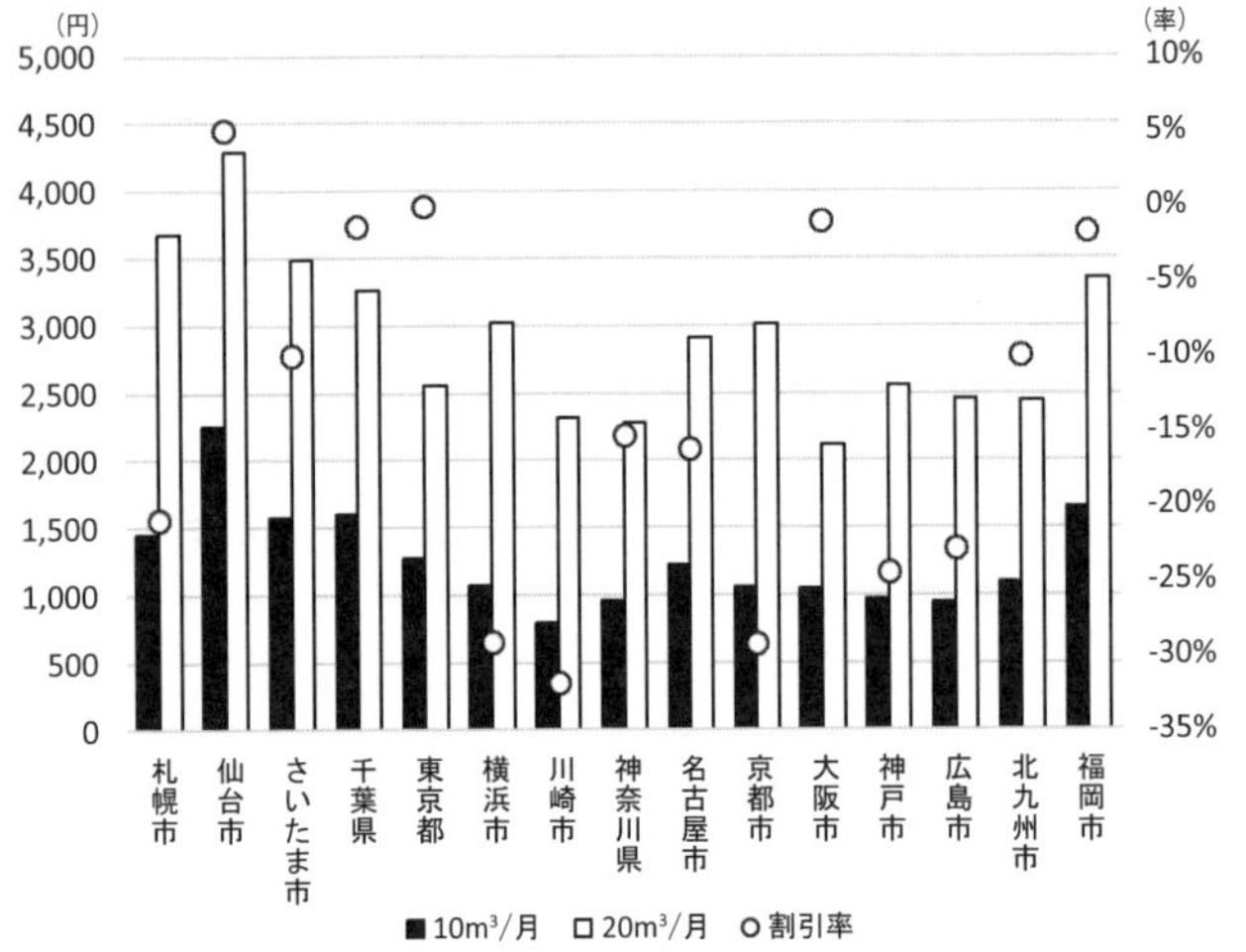

示したものです。これにご注目ください。生活系の10㎥、20㎥でも大きな単価差、減量に伴う大きな割引を、大規模事業者を中心に行っていることが分かります。人口が減少する中世帯数が増加する、当然、その内実は平均の世帯人員の減少となります。まさに、日本全国で20㎥料金から10㎥料金への移行が進み続けているのが現状です。大規模事業者においては、1割引、2割引は当たり前、3割引以上というところもあります。

現在の水道料金体系の常識を踏襲すれば、人口減少がなくとも、単身世帯の増加など世帯人員の減少だけで、大きく減収する構造にあります。それは、水道事業が自ら選択した料金体系によるものです。

問題は、こういう状況に関心を持ち自覚的であるかどうか、こういう認識にあるかどうかというのが第一段階。そして、なんでこんなこと

図表17 料金構造（都道府県別平均）2020

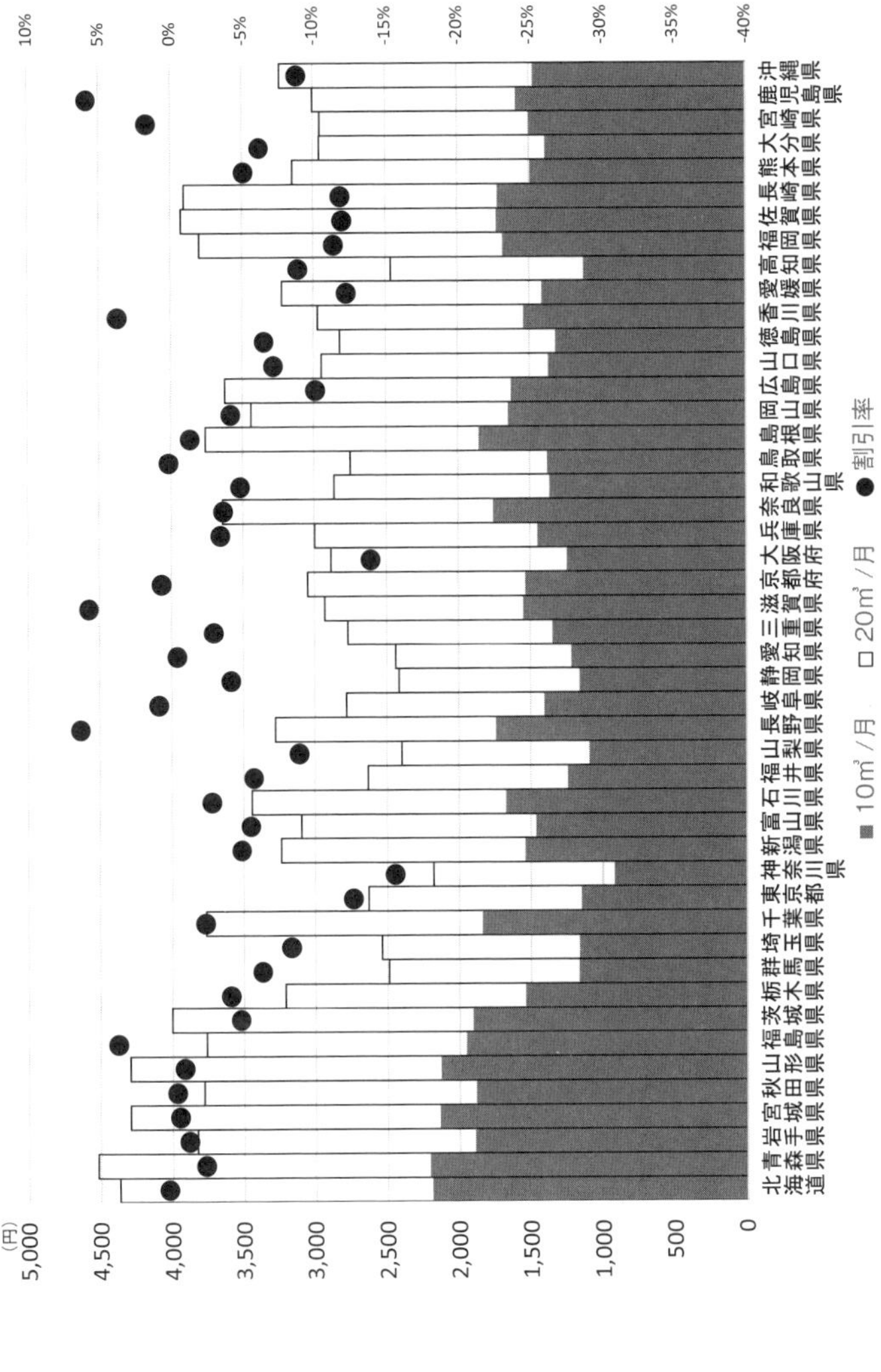

になっているのかという理解が次の段階です。このような料金体系を今なぜ持っているか、そのことそのものに対する関心と自覚がなければ改善に至ろうはずがありません。事業の根幹、その料金体系に無関心で、漠然と「人口減少だから減収も仕方ない」であれば、それが最大の問題です。まさに今なすべきは、過去からの延長、慣性力で常識化してしまっていることが、現在から将来において通用する常識なのかどうか一つ一つ見直していくことです。「今のものはなぜ？」から「今なおこれで？」となった時に、初めて次なる事業のあり方が議論できるようになります。まずは、事業経営の各論、方式の一つ一つを意識下において、経緯と現状を理解していくことに時間と労力をさくところからです。

料金体系に戻りましょう。水道料金における逓増制は、人口増加と水資源不足の際に、節水行動を喚起するための政策料金体系です。実際、高度経済成長期において〝需要管理〟という言葉があり、そのための具体策として考案、定着してきたものがこの逓増制料金です。平たく言えば、大量の水使いに（事業系も含めて）経済制裁を加えるもので、水道事業の費用構成（コスト構造）からでてきたものでもなんでもありません。そのような料金体系が、社会情勢や人口構造、世帯構成の変化により、事業経営に大きな影響をもたらしています。もし、現在においてもこれを政策料金体系として自覚的に用いるのであれば、減収の理由を人口減少と嘆くこともできませんし、それを前提に事業経営を考えることになります。もし、水源もある程度確保できた完成形に至ったことを前提とすれば、料金体系そのものを見直すということになるのは当然の行動方針となります。

水道事業経営において、この逓増制料金制度は、過去の経緯から生じている最も代表的な課題と思います。単に標準家庭における料金改定、料金値上げだけでなく、基本料金と従量制部分の配分や逓増制の緩和、極端に言えば逓減制への移行など、標準的な料金（モデルパターン、例えば３、４人の世帯のモデルケース）についてはゼロ改定でも事業経営を改善する料金改定はいくらでもあります。そういったことを本気で考えるべき時にきていると思います。

過去からの経緯と短中期的な話になってしまいましたが、中長期的には、現在の料金水準を維持すれば減収傾向に進むのもまた確か。料金収入と事業経営の関係の分かりやすい図式をまとめておきます。

仮に、現状事業を前提とすれば、需要が減少しようと現在の総収入ぐらいは維持したいと考えるのは、水道事業側の勝手な設定ではありますが、そう考えたくなるのも事実。一旦、総収入維持でどのようなことになるか考えてみましょう。

総額維持しようとしても、人が減る。それでは負担額は？　人口１割減で料金10％アップ……ですまないところが問題。９人で10人分、割り勘の要領で考えれば答えは11.11……％。まあまあ誤差の範囲？　２割減で25％、１／３減で５増し、５割減で２倍！　固定経費の大きい事業特有の現象です。

地域という面を管網でおさえる水道としては至難の業……ですが、施設資産の圧縮の余地がないわけではありません。浄水容量の適正化、管路容量（管径）の適正化は当然として、施設の統廃合・再配置、管路系統の見直し、路線の整理など、需要増や給水区域拡大に合わせた逐時対応としての現況施設を一から見直すことですし、自らの事業範囲でなく、近隣地域の施設と一体で考え直すことです。

さらにはそれを、時間変化を意識しながら考えられるかです。

加えて、労働人口の減少を考えれば、少ない担い手で支えられる事業運営や施設構成・運転管理方式も今のうちから考えておかないといけないことでしょう。

これまでのような条件設定とは異なる条件での対応になることだけは意識してもらいたいところです。

(3) 三層構造の必然的変化

第三世代、その象徴である用水供給事業、その比重の推移を図表18に示しています。全浄水量に占める用水供給事業浄水量が1970年代以降、急激に増加しているのが分かりますし、90年代以降、末端供給側において浄水量が縮小に転じているのも分かります。

今後の人口推計に比例して仮に浄水容量を縮小させていくということになれば、2050年から60年頃には、現在の用水供給事業の浄水容量に相当する量が余剰、不要になるものと推測できます。さてこれをどのようにするか、人口構造の変化に合わせてどのように施設容量を変えていくのか、大きな課題がここにあります。(更には、必要容量の縮小により、個々の容量縮小でなく、統廃合・再配置・配置変更といったことまで考える必要が出てくるはず)ここでは課題の一

図表18 末端・用供の浄水量の推移と将来

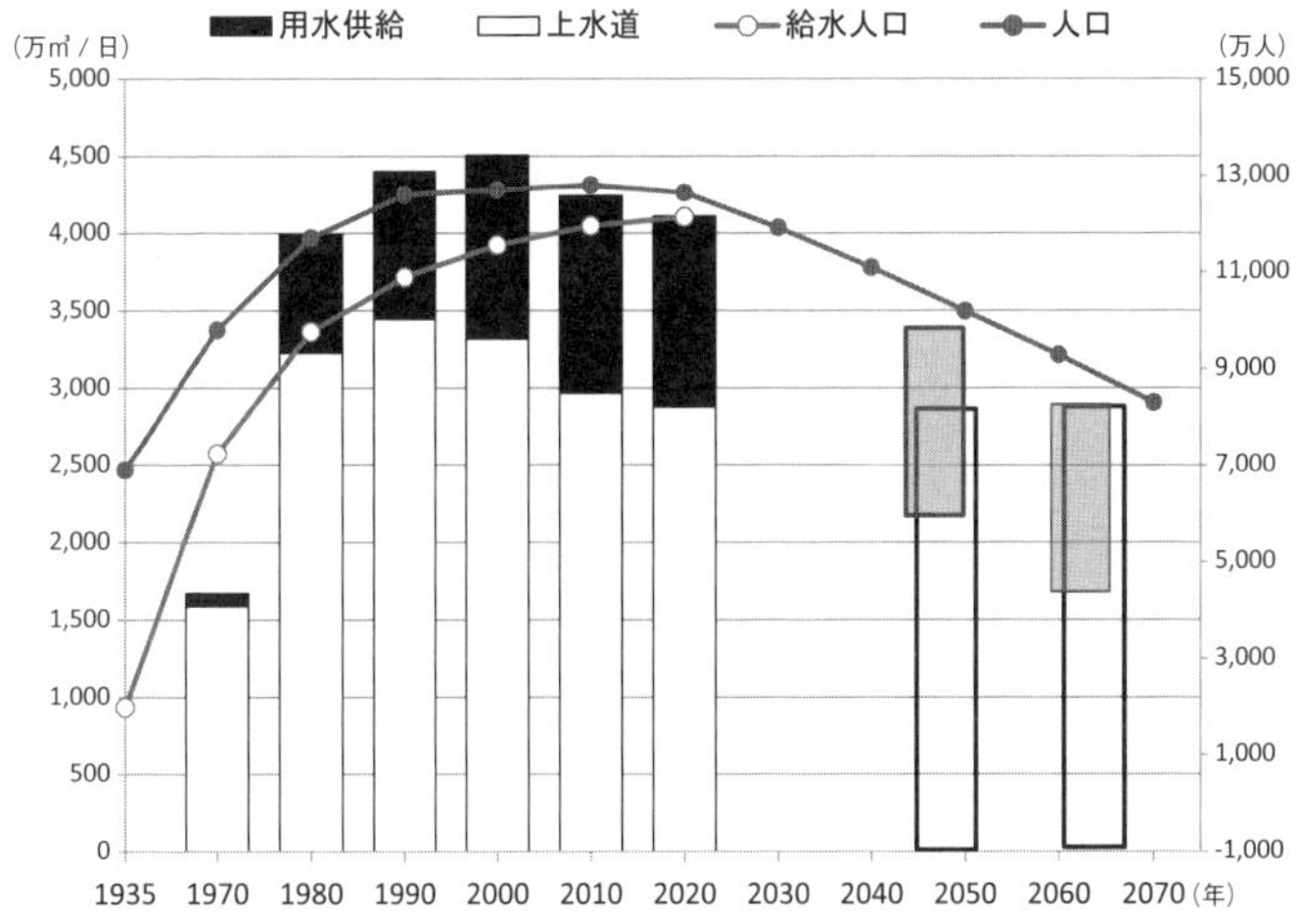

つとだけさせていただき、次に進みます。

(4) 内部環境～職員体制への影響

人口減少という社会情勢の変化を主に需要面から見てきましたが、水道事業の内部環境、担い手の問題として見た話に進みたいと思います。

今から20年ぐらい前、講演会などで人口減少、収入減とともに「いずれ労働力不足の時代がくる」と言っていましたが、嘲笑とともにほとんど無視されてしまいました。労働力不足は１９９０年以降、労働人口の減少局面に入っていたのですから当然の話ですが、その頃は人余り、バブル後のリストラの世相の中で、そういった話を受け入れられなかったのでしょう。しかし、この時の人余りは、第一次ベビーブーム世代の大きさによるもので、少子高齢化の序章として一時の減少でした。少子高齢化の〝少子〟部分は、そのまま現役世代の減少、すなわち労働人口の減少です。これも今になって、理解を得られる状況になっていますが、顕在化しないと意識が変わらないことの典型のように思えます。

今となっては、当たり前の構図。それが水道事業にどのように影響するか数字とともに見てみましょう。

1980年に7万4千人弱の直営職員を抱えた水道事業もここを最大にして年々職員数を減らしてきました。公務員定数削減の動向の中、更に施設整備の減少に伴い減少を続け、その後平成に入って再度、施設整備の上昇期を迎えるも定数抑制となり今日に至るといったところです。

〝少子高齢化〟が示すように、需要は高齢化（＝全人口）連動、職員数は少子（＝労働人口）連動という図式になります。需要減より遙かに担い手不足が先行する、ある意味当然の図式です。

図表19は、労働人口に占める直営職員数の比率を固定して推計したもの。水道関係への就職シェア（比率）を維持できてのことで、これすらけっこう大変なのではないかと思わされますが、参考値としてみていただければと思います。職員一人一人が担う給水人口は、今後も大きく上がり続けます。このような人員体制で全国の水道事業をどう支えていくのか、人口減少の問題は需要よりも担い手問題の課題として認識されるべきものと思いますし、水道事業にとっての一番の影響はここから始まり、それに向けて事業経営・運営、そして体制を考え直さなければならないと確信してきています。

水道事業だけをみていると全世代顧客（マーケット）は当然のように思うかもしれませんが、様々な業種・業態を考えれば決して当たり前のことではありません。衣食住を考えても、ファッ

図表19 水道職員数と給水人口の推移・推計

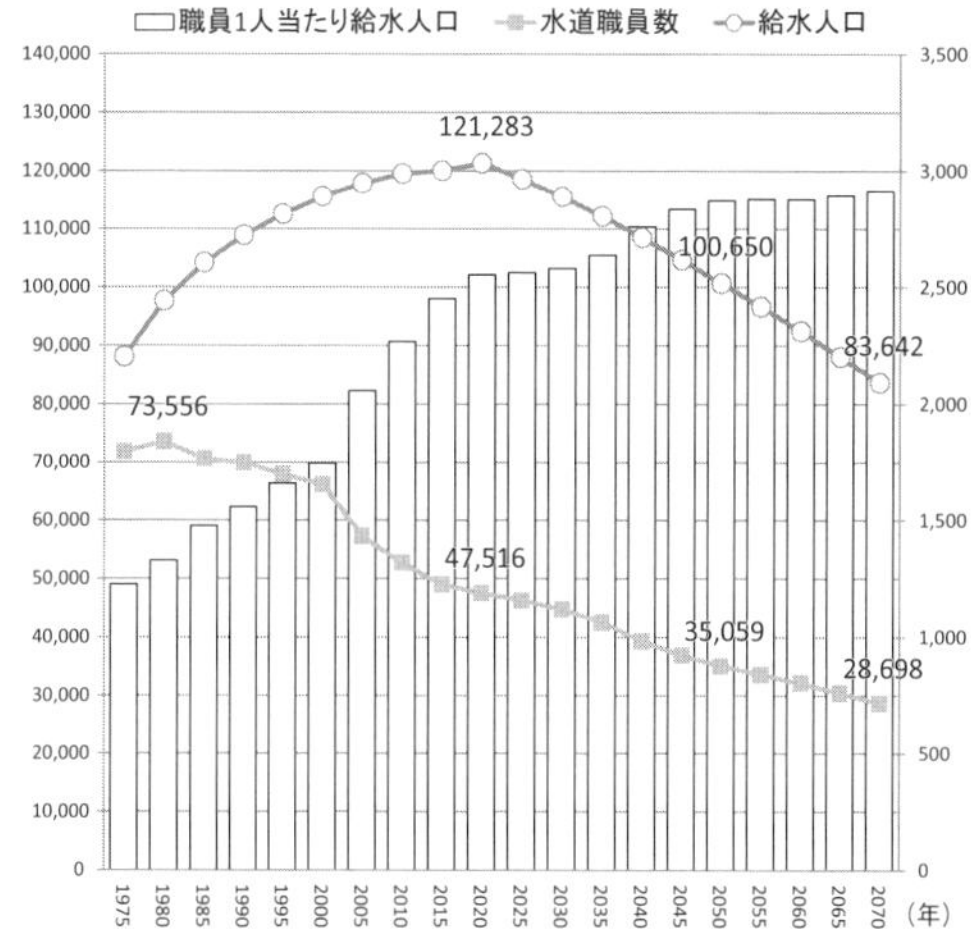

ション、外食・小売り、住宅……みんな中心顧客（マーケット）が決まっています。ファッションは10代後半から40代までの女性、食にお金をかけるのは現役世代、住宅購入は30代後半からせいぜい50歳すぎまで。人口減少期において、水道事業の担い手からみれば決して職と収入を失う構造にはないというのはいい話かもしれません。

(5) 水道経営・資産の概況と今後

水道事業の概況と特性、既に定性的にはご紹介もし、それを前提で論旨も組み立ててしまっていますが、ここまでの論拠となる部分の概説をここで入れておきます。更に詳細については、第三章をお読みください。

図表20 水道事業の全国収支（2020年）

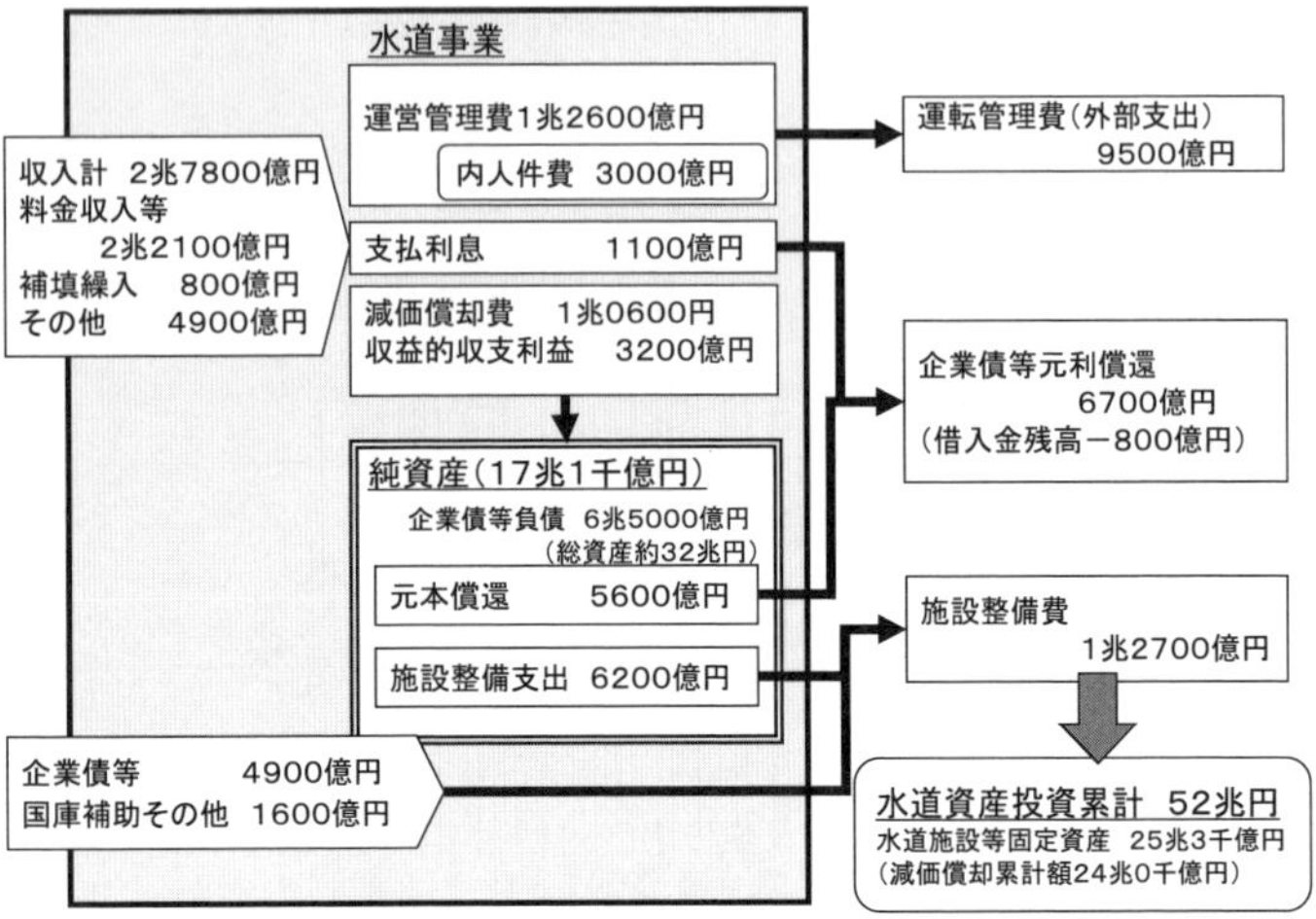

① 水道事業経営の現状

水道事業を日本国内一事業者でやっていたら、どのようなお金の収支でやっているか、それを推計したものをご紹介します。

水道事業は日本全体で約2兆8千億円の収入で支えられています。そのうち約2兆2千億円が料金収入で、その他補助や一般会計補填の他、受託工事費などを加えて総額2兆8千億円の事業となっています。何兆円産業といった表現をとるのであれば、3兆円産業といったところでしょうか。

このうち、約半分にあたる1兆2600億円は運営管理費に支出されています。ちなみに人件費は約3000億円ですので、率にして11％といったところです。

残り半分は、年度間の移動はありますが、施設に回っています。会計上、水道施設等の固定資産は約28兆円、減価償却して会計上ゼロ計上となっているものを合わせる（減価償却累計額）と約49兆円となります。水道資産の総額は？といったことに答えるのであれば、現存の資産価値としては28兆円、投資累計としては50兆円弱ということになります。

② 建設投資の推移

昭和45年（１９７０）以降の施設建設の整備費（投資額）の推移と累計をご紹介します。現在価値化などの操作はせず、年々の額とその合算です。

１９８０年代に最初の建設費ピークを迎え、１９９０年代後半に二度目のピーク、そして一時期の建設費抑制の時代から三度目のピークに向かって動いているように見えます。最初のピークは当然、人口増と普及率向上、国民皆水道化の時代です。二度目のピークは、老朽化対策と阪神淡路大震災後の耐震化、そしてバブル経済崩壊後の経済対策といった様々な事情が重なってできあがったものという印象があります。少なくとも国庫補助関係としては、バブル経済の好景気期ではなく、その後の不景気期に、経済対策としての公共事業投資があったことは確かです。何にしても１９７０年から50年間の総額は約52兆円となっています。（前述の投資累計と多少異なるのは、施設そのものの処分等によるものと思われます）設備投資の中身をみると管路関係の比率の大きさが分かります。水道施設として目立つのは、見えることもあり、また飲み水をつくるという水道の中核技術がそこにあることもあって、何かと浄水場が注目されますが、比率にすれば15％強でそんなに大きなものではありません。お金がかかっているのは圧倒的に管路、それも配

図表21 施設投資の長期推移（1970 ～）

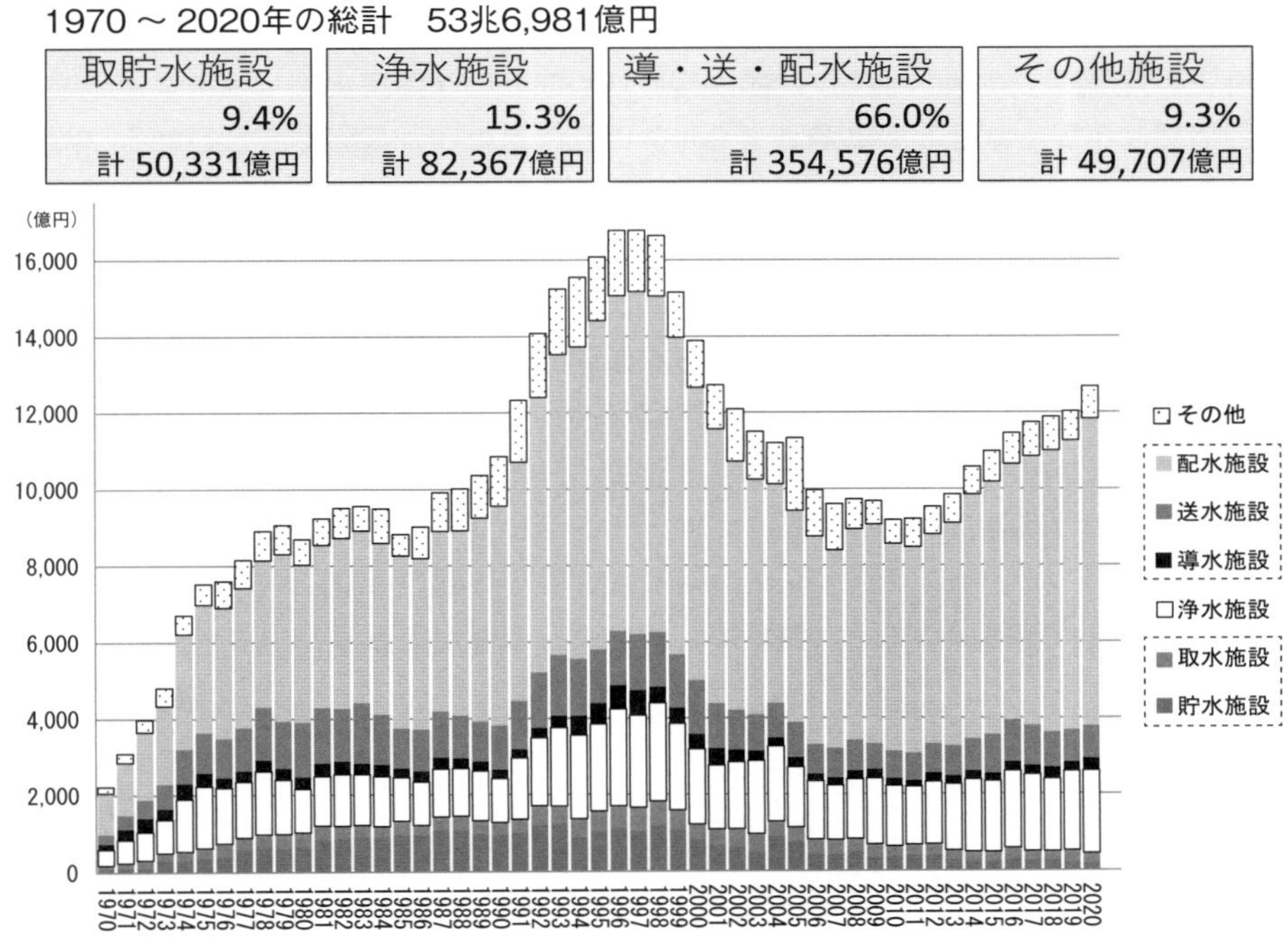

水管であることが分かります。全費用のぴたり2／3、配水管だけで5割以上。水道の基本はやはり管路で〝水道〟という言葉どおりです。

③ 単純更新の必要投資額

『今後の社会情勢、事業環境に合わせた次世代水道（第四世代）を創りましょう。』というのが本旨のこの本で、現状施設を前提とした単純更新の需要額を述べるのも変な感じがするかもしれません。ただ、現状施設を単純更新した時どの程度の投資が必要となるのかは、基本情報として入れておいた方がよいかと思って、ここで紹介します。

また、この額を減らすために……短絡的にはそうなるかもしれませんが、それもあるべき思考順序ではないように思います。そこから入るとどうしても、本当の長期的に実現すべき水道の姿からは遠くなりますし、どうしても言外に、また、無意識に、現状施設から考える思考に陥ってしまいそうです。

杞憂に終わってほしいと思いますが、意外とこういうことが自由に一から考え直そうということの障害になったりします。一から別物を創る、それを思考できるところにいけるかは、それはそれで大きな課題の一つです。（水道界としては、維持管理の時代などと言い出した１９８０年代以来40年ほど、そういった職業訓練をほとんど受けていないせいでもあります。）

本題に戻ります。ここでの本旨は、単純更新などという絶対に考えてはならないことか。どれだけ意味のない将来を構築するのか、その警告と単純な参考情報としてのものと理解してほしいと思います。

管路延長だけでも現状約69万㎞（令和元年度）、10万円／mとしても全部更新すれば69兆円の計算になります。何らかのろ過処理を行う浄水場だけでも浄水容量にして約６千万㎥／日、数だけ集約し1万㎥／日の更新単価を27億円としても約16兆円となります。合わせて85兆円。井戸も含めた取水施設、配水池等の配水施設などこれ以外にも更新対象はたくさんあります。

現状で年収２・８兆円、料金値上げに努力して現状収入を維持したとしても50年間で１４０兆円。管路と浄水場だけでこの６割以上をとられることになります。

もともとの数字の精度が低いのでこれ以上数字で追う意味はあまりありませんが、おおよそ現実的な話とは思えません。現実的でないのは、必要だからと言ってそれに応じてとる水道料金か、現状の水道料金を前提としたこの更新費用か……どちらの歩み寄りも必要でしょう。少なくとも今後の事業環境を踏まえて、何が必要でそれをどういう形で実現するのか、一から考え直す必要があることだけはご理解いただきたいと思います。

4．今後の水道事業経営を考える上での要点

詳しくは第二章水道事業の略史と現在体制で述べますが、水道第三世代の末期から第四世代への移行期という現在の状況をどのように理解すべきか、私の考える、思いつく要点（ポイント）

をまとめます。次なる段階への移行期で一番大切なのは、これまでの経緯の整理と現状の把握、知的財産も含めどのような資産をもっているのかを正確に整理しておくこと、これらを意識下において基本認識を確定させることです。簡単に言えば「自分を知る」、はやり言葉だと「見える化・可視化」ですし、資産・技術・情報の棚卸しとでもいうべきものです。

水道計画がある種の工学であり、科学であるとすれば、出発点の確保が一番重要です。どれだけ現在の状況と自分を熟知できるか、つつがなく動いているからと言って、その理由や根拠、経緯まで遡って理解することはたやすいことではありません。科学とは再現性、誰もが同じ結論・結果にたどり着けるその手法や体系をいいます。そして結論や方向性の違いは、多くの場合その手法ではなく、基本認識、言ってみれば出発地点や関心事の違いによるものです。水道施設が大きな施設群の総体であり、それを動かす事業運営は、大人数の組織としての行動を必要とします。関係者が同一の基本認識を持つこと、これが最初で最大の難関です。

前振りが長くなりましたが、現在体制についてここで整理しておきましょう。

(1)　水道事業の現在体制と類型

水道第三世代の特徴に、水道の三層構造、象徴的な事業形態として用水供給事業があることを述べてきました。そこを中心に現在の水道事業の事業体制や運営方式を整理してみましょう。

「用水供給事業（用供）は水の卸売り事業」、用供の事業の説明によく使う例え話です。水道の事業体制からみると、末端供給事業が全て卸しから水を買っているかというと……そうでないというのが、複雑なところです。

用供だけをみれば、確かに導・浄・送水を担う事業形態ですが、末端供給も導・浄・送水機能を部分的に持つのが普通です。歴史的に見れば用供はあくまで末端供給の不足増量分、新規水源開発に対応した浄水機能を担ってきたに過ぎません。この二重構造が理解の基本にあります。水道事業をよくご存じの方は当たり前のように思われるかもしれませんが、例えば対比されやすい下水道事業の流域下水道と公共下水道の関係で考えれば、下水処理場（終末処理場、水再生センター）を持つのは、流域下水道側のみで両者が処理場をもつような関係にはなりません。末端・用供の浄水能力の比率が場所ごと、事業ごとに全て異なり、当然その上流部にあたる水源・水資源の量と配置も異なります。これら水道事業の現在体制を把握していくのが最も分かりやすい入口と思います。

ここでは、用水供給事業の状況を起点に、47都道府県の現在体制の類型化を試みます。（令和3年度現在）

類型化をするにあたって、その分類の基準にあたるものを見ていただきましょう。

(i) 用水供給事業の有無
(ii) 用水供給事業が単一・複数の別
(iii) 用水供給事業の事業主体の別（都道府県か一部事務組合か）
(iv) 広域末端供給事業の有無（特に都道府県末端事業の有無）

これらの観点をもとに6類型に分類してみたものが以下です。どの類型についても各都道府県域全域をこれで特徴づけられるものではありませんが、大勢としてという理解で読んでいただければと思います。

① 都道府県単一用供型

都道府県域に用水供給事業が単一で、都道府県事業のみとなっている都道府県です。具体的には、埼玉県、石川県、岐阜県、愛知県、滋賀県、京都府、奈良県、沖縄県の8県となっています。末端供給事業は、すべて市町村若しくは市町村の一部事務組合で実施され、県内の事業体制は、市町村事業で完結する地域と、県営用水供給事業と市町村事業の関係で実施される地域の二つに大別できるところです。

この形態の都道府県の場合、県庁所在都市・政令指定都市などが都道府県用供の受水団体となっているかどうかが、その都道府県の特性を大きく左右します。

愛知県、京都府は、それぞれ名古屋市、京都市を受水団体としない、いわば大都市抜け都道府県用供、大都市周辺都道府県用供というべきもので、かつての大阪府（大阪広域水道企業団への移行後ここに入れられませんが）もこの形態です。岐阜県も岐阜市を対象としないのでこの類例に形式的には見えますが、そもそも岐阜市周辺域を対象としない事業ですのでこちらに含めない方が実態を言い当てていると思います。

一方で、埼玉県や奈良県などはそれぞれ、中心都市となるさいたま市、奈良市に供給する全県型用水供給事業になります。

② **複数都道府県用供型**

用水供給事業について、その事業主体は都道府県事業のみですが、複数の事業が存在する都道府県です。具体的には、宮城県、山形県、茨城県、栃木県、群馬県、福井県、三重県、島根県、広島県の9県となっています。

県営の用水供給事業が、県域において地域割りとなっており、県営用水供給事業毎に受水団体となる市町村区域と市町村末端完結区域に分けて見ることできます。都道府県によっては、一つの市町村末端事業に二つの用水供給事業から供給されるような場合もありますので、詳細の理解には注意が必要です。

③ **都道府県関与用供・市町村用供混在型**

都道府県が関与する用供には、都道府県のみが事業主体になるものと、都道府県出資事業（都道府県・市町村の共同事業（一部事務組合））の二つの形態があります。細かく分けるともはや分類するより、個々の都道府県状況を知る方が早いことになりますので、これらを全てまとめて一つの類型とします。具体的には、北海道、富山県、長野県、静岡県（県事業3と県出資事業1で、市町村共同用供なし）、兵庫県、岡山県の6都道府県となります。（形式的に都道府県関与用供を持つ神奈川県、千葉県をここに含めず④に分類していますので留意のこと。）

④ **末端供給事業共同一部事務組合による水道用水供給事業**

都道府県用供が存在せず、市町村若しくは市町村の一部事務組合による水道用水供給事業のみとなっている都道府県を挙げると青森県、岩手県、福島県、千葉県、神奈川県、新潟県、山梨県、大阪府、和歌山県、山口県、愛媛県、福岡県、佐賀県、熊本県の14都道府県となっています。

この中には、都道府県が末端供給事業を実施する立場で一部事務組合に参加している千葉県、神奈川県が含まれています。形式的には都道府県参画ですが、これらは末端供給事業者の位置づけで参画しているもので分類としてはこちらに入れています。

⑤ **市町村末端供給事業のみの都道府県**

水道用水供給事業がない都道府県が９、そのうち市町村末端供給事業のみとなるのが、秋田県、鳥取県、徳島県、高知県、長崎県、大分県、宮崎県、鹿児島県の８都道府県となります。水道第三世代に移行せず、末端供給事業完結型、水道第二世代の形態で現在に至った、ある意味変化の少ない事業環境の都道府県になります。

⑥ **都道府県域全域型の広域末端供給事業**

現状としては、東京都における東京都水道事業、香川県における香川県広域水道企業団の二つがこれに当たります。

東京都の場合、島嶼部と本土の４市村については、市町村による水道事業となるが、ほぼ全域を東京都が実施する体制で、都道府県主体による広域化を実現しています。

香川県においても、岡山県から一部送水を受ける直島町（島嶼）のみ町の対応となっていますが、それ以外については島嶼部も含め香川県広域水道企業団によって実施され広域化が実現したものとなっています。こちらは、東京都と異なり、県・市町村共同（一部事務組合）型の末端供給事業による広域化の形式をとっています。

現状で近い将来実現しそうなところとしては奈良県ということになります。

47都道府県の現在体制をかなり大雑把に分類しても6類型を必要とします。今後の水道事業の基盤強化や広域連携の出発点がこれだけ違うことを認識する必要がありますし、各都道府県や水道事業の立場から見れば、先進事例と呼ばれるものが、その出発点という意味でどの程度類似性を持つかを考えるヒントとしていただければと思います。

図表22 都道府県の現在体制一覧

	形式分類	備考
北海道	③混在型	
青森県	④末端共同型	
岩手県	④末端共同型	
宮城県	②複数都道府県用供型	
秋田県	⑤用供なし	
山形県	②複数都道府県用供型	
福島県	④末端共同型	
茨城県	②複数都道府県用供型	
栃木県	②複数都道府県用供型	
群馬県	②複数都道府県用供型	
埼玉県	①単一都道府県用供型	
千葉県	④末端共同型	
東京都	⑥都道府県全域末端	都道府県末端供給事業
神奈川県	④末端共同型	
新潟県	④末端共同型	
富山県	③混在型	
石川県	①単一都道府県用供型	
福井県	②複数都道府県用供型	
山梨県	④末端共同型	
長野県	③混在型	
岐阜県	①単一都道府県用供型	
静岡県	③混在型	
愛知県	①単一都道府県用供型	
三重県	②複数都道府県用供型	
滋賀県	①単一都道府県用供型	
京都府	①単一都道府県用供型	
大阪府	④末端共同型	
兵庫県	③混在型	
奈良県	①単一都道府県用供型	
和歌山県	④末端共同型	
鳥取県	⑤用供なし	
島根県	②複数都道府県用供型	
岡山県	③混在型	
広島県	②複数都道府県用供型	
山口県	④末端共同型	
徳島県	⑤用供なし	
香川県	⑥都道府県全域末端	県・市町村の共同末端供給事業
愛媛県	④末端共同型	
高知県	⑤用供なし	
福岡県	④末端共同型	
佐賀県	④末端共同型	
長崎県	⑤用供なし	
熊本県	④末端共同型	
大分県	⑤用供なし	
宮崎県	⑤用供なし	
鹿児島県	⑤用供なし	
沖縄県	①都道府県単一用供型	

(2) 広域化の経緯と広域連携

広域連携を歴史的に見ると、その最初を市町村単位を超えた一部事務組合による水道事業にみます。これは、その形式を水道創設時に選択した地域もあるぐらいで、今現在で思い浮かべる水平統合、市町村単位の末端供給事業が後に統合してできるものではないものがありました。ある意味原初的な事業形式で、戦前にみることができます。（一部事務組合の水道事業の第一号は笠之原水道組合（1927、鹿児島県）とされています。（水道のあらまし（日本水道協会））参照。）

用水供給事業の第一号は唯一の戦前通水となる阪神水道企業団で、これに加え、都道府県末端供給事業という広域化の事例の第一号は神奈川県、第二号の千葉県が戦前になります。ここまでが、市町村経営が通例であった水道事業に対し、今日的な評価でいう広域化・広域連携（広域化等）の原型、広域化等第一期といったところでしょうか。

現在に直接的につながる広域化・広域連携（広域化等）が提示されたのは戦後、高度成長期以降のこととなります。そもそも「広域化」という言葉が、水道事業の集約化を意図して用いられるようになったのがこの時期以降のことになります。

水道行政の方針として広域化が提示されたその始まりは、「水道広域化方策と水道の経営、特に経営方式に関する答申（公害審議会（昭和41年））」で、これを契機に水道法改正の議論が進み、より具体的な内容となった「水道の未来像とそのアプローチ方策について（生活環境審議会答申

（昭和48年）」」となります。

これらの中では、電力事業を意識したものだったであろう「全国数ブロックを理想とし……」といった内容が見られるが、現実的な目標として「当面、一道府県数ブロックを目標に設定する地域があってもやむを得ないと考える。」といった内容になっています。（都が抜けているのは、東京都が多摩地区の統合を進める方針を明確化した時期であった影響と思われます。）この時代に人口増と都市化、特に三大都市圏における需要増とそれによる水源確保の問題が強く意識されていたという背景があります。最終的に、水道法昭和52年改正へとつながりますが、ここでは施設整備面を中心とした都道府県による計画的整備（広域的水道整備計画の新設）といった内容に限定した制度になっています。

このような動きの前後において、今ではあまり使われなくなった「広域水道」という言葉が盛んに使われていました。これは、何か特定の水道事業を指すのではなく、単独市町村域を超えた事業を指す言葉として用いられていたようで、用水供給事業や一部事務組合による共同末端供給事業、都道府県末端供給（当然複数市町村対象）までも指していたと思われる使い方がされています。

まさにこの時期が広域化等第二期で、各地の用水供給事業に加え、八戸圏域水道企業団に代表される一部事務組合（企業団）方式の事業が創設された昭和年代のことです。

現在の広域化等の議論とその具体化された事業統合等の動き、平成年代、特に平成20年以降に活発化した現状は、広域化等第三期というべき状況になります。

図表23 広域化・広域連携の経緯

戦前	笠之原水道組合	組合・末端	現鹿屋市水道局	1924 ～ 1995*) 給水開始1927
	江戸川上水町村組合	組合・末端	東京都水道局に合併	1926～1932
	荒玉水道町村組合	組合・末端	東京都水道局に合併	1928～1932
	埼玉県南水道企業団	組合・末端	現さいたま市	1934～2001 (H13)
	神奈川県営水道	県営・末端	日本初の県営末端供給事業	1933～
	阪神水道企業団	組合・用供	日本初の用水供給事業	1936～
	千葉県営水道	県営・末端	日本で2番目の県営末端供給事業	1937(認可) ～
戦後～昭和	大阪府営水道	県営・用供	日本初の都道府県営用水供給事業 (現大阪広域水道企業団)	1940着手,1951 (通水)～2010
	各所の用水供給事業	用供	岡山県南部水道企業団～	1950～
	東京都水道局(1943～)	県営・末端	多摩地区への区域拡張	1971**) ～
	佐賀東部水道企業団	組合・垂直	日本初の(一部)垂直統合	1981～
	八戸圏域水道企業団	組合・末端	厚生省調査検討に基づく広域化	1986(認可) ～
平成	津軽広域水道企業団	組合・垂直	(新規用水供給事業開始に伴い) 5町村末端供給事業を統合	H6～
	芳賀中部上水道企業団	組合・垂直	用供と3町末端供給の統合	H15～
	中空知広域水道企業団	組合・垂直統合	用供と3市1町末端供給の統合	H18～
	北九州市	域外事業 用水供給	芦屋町(H19)、水巻町(H24)の事業統合 用水供給事業の開始	H19～ H23～
	宗像地区事務組合	組合・垂直	用供と2市末端供給事業の統合	H22～
	淡路広域水道企業団	組合・垂直	用供と1市10町の統合(淡路島一水道統合)	H22～
	岩手中部水道企業団	組合・垂直	用供と2市1町の垂直統合	H26～
	秩父広域市町村圏組合	組合・水平	1市4町の水平統合	H28～
	群馬東部水道企業団	組合・水平 組合・垂直	3市5町の水平統合 県営用供2事業と末端企業団の垂直統合	H28～ R2～
	大阪広域水道企業団	組合化 組合・垂直	府営水道の市町村一部事務組合化 3市町村の垂直・経営統合、H31:9事業、R3:13事業、R6:14事業	H22～ H29～
	沖縄県営水道(用水供給)	事業再編	離島8村の取浄送水業務の受入(用水供給事業の拡張・県下一用供化)	H29～
	香川県広域水道企業団	組合・県一	県・市町村の一部事務組合に県一水道統合(直島町簡易水道を除く)	H30～
	かずさ水道広域連合企業団	広域連合・垂直	用供と3市3町1企業団の垂直・経営統合	H31～
	田川広域水道企業団	組合・水平	1市3町の水平統合	H31～
令和	佐賀西部広域水道企業団	組合・垂直	1用供3市3町1企業団の垂直統合	R2～
	広島県	広域連合	意向市町村と県による事業統合に関する基本協定締結	R5～
	奈良県	県一	県一水道統合に関する覚書締結(R3.1)	R7予定

*)日本初の企業団水道(水道のあらまし)、笠之原水道組合～笠之原水道企業団、1995鹿屋串良水道企業団(鹿屋町営水道と合併)、2006鹿屋市鹿屋串良地域水道事業(市町村合併)、2014鹿屋市水道事業(1上水、3簡水統合)、2017簡水統合。

**)昭和46年(1971年)多摩地区水道事業の都営一元化基本計画策定

広域化等の第三期では様々な広域化等が行われるに至り、その中身を分類する手段として幾つかの言葉が生まれています。末端供給事業間（概念的には用水供給事業間も）の統合を指す「水平統合」、用水供給と末端供給の統合を指す「垂直統合」といったもの。また、事業認可上の一本化を指す「事業統合」、同一主体による複数事業（複数事業認可）となる「経営統合」といったものです。

第三期の中で行われている広域化等のその形式自体は、既に第二期までに見られたものですが、需要増と水源不足を背景としたものから、需要減や担い手確保といった人口減少社会を背景としたものに変化していて、まさに時々の事業環境の変化を反映したものという違いがあります。

最後に、広域化関連の言葉の歴史経緯を整理しておきましょう。

広域連携の一般的な語感は、「広域化より広い概念」としてか、もしくは、単に「水道法平成30年改正により生まれた広域連携」といったところでしょう。

昭和年代においては、前述の「広域水道」を念頭に、市町村単位を超えた事業展開が広義の広域化、事業統合といったところで狭義の広域化が使われてきたように理解できます。（私自身、後に書籍や古い行政文書で知ることとなった言葉です。）

昭和年代の終わりから平成に入り、用水供給事業を広域水道と呼ぶことは、あまりに数が増えすぎたせいか、なくなっていき末端事業の統合や都道府県末端のようなものを広域化と呼ぶように変わっています。

明確な概念整理、用語整理がなされたのが、水道法平成13年改正からで、厚生労働省において

図表24　市町村全域の域外事業の経緯

	概要	時期等
名古屋市	庄内町（現：名古屋市） 西枇杷島町（現：清須市） 新川町、一色町（現：清須市） 清須市	S7～12 S9～ S11～ H17～
	甚目寺町（現：あま市）	S28～
	大治町	S26～
甲府市	昭和町	S38～
	玉穂村（現：中央市）	S47～
米子市	境港市 日吉津村	S34～ S57～
広島市	府中町、坂町（旧安芸水道事業の事業統合）	S57～
北九州市	芦屋町 水巻町	H19～ H24～

「新たな広域化の概念」として、事業統合、経営統合等を内容としたものと説明されるようになっています。現在、この「新たな広域化」がすなわち広域連携と理解するのが一般的かと思います。

この新たな広域化の概念をご紹介しますと、以下の三つです。

○事業統合：事業認可の一本化、料金統一若しくはそれを目指す形態

○経営の一体化：一つの事業主体の下に複数事業が実施される形態

○業務の共同化：管理の一体化、施設の共同化を図る形態

一般的には、広域連携の概念の中に広域化が含まれるという語感かと思いますが、水道法上の整理はこれとは異なり、広域化は事業統合を指し、広域連携はそれ以外の新たな広域化の概念である経営の一体化や業務の共同化を指すも

のとして排他的に整理されています。（広域連携が法律用語となったのは、水道法平成30年改正からです）

ここまでの経緯からみても、広域化を議論していた時期においては、まずは事業統合を目指し、難しければ経営の一体化以下を現実的選択として考えるといった方向性でした。結果的には、水道事業の望ましい姿としての広域化が具体化という意味でそれほどの成果を得られず今に至っています。そもそも、広域化の議論自体が、ある特別な問題意識の中でなされる一部のものであって、総論として語られはするものの多くの事業においては議論自体がないといった状況でした。それに比べ今日に至り、広く全国の事業者において、現在または遠くない将来の現実的な事業選択として広域連携が議論されるようになっているのは、やはり具体の事業環境の変化、従来型の事業展開で考えれば事業環境の逼迫といった認識に至り、何かしらの具体的な成果を求めざるを得ない状況となっているように見えます。そう考えれば、実現可能性の高い、業務の共同化、特に施設の共同化や相互の貸し借り、業務運営方式の標準化、共通化や情報システムの共同化などから入り、中長期的な目標として経営の一体化や事業統合を目指す、いわゆるボトムアップ型の方向性をもつべき時期にきているように思います。事業統合という高みを目指し、それを実現しようとしているところもありますので、最初からあきらめる必要はないかもしれませんが、全国的に見れば何かやれることを探して実行に移す、そのような方針を持ち、何かしらの広域連携を模索するということの方が重要ですし、キーワードを「広域化」から「広域連携」に変える意味です。

(3) 官民連携の経緯と現在

① 官民連携の定義

「官民連携」が叫ばれて久しいですが、これほど言葉の意味が発散していて、用いる方ごとに想像するものが違うものもないように思います。そもそも定義があいまいどころかないのが全て。そこから始めたいと思います。

「官民連携は結果。」そう理解すべきと考えます。国内では例外的な民営水道は別として、原則とする公営主体による水道事業であれば、何かしら民間の力を借りている、直営業務を除いた、全てが官民連携です。官民連携は有り様を考えるものでなく、委託業務全てが官民連携ですし、事業運営方式を考え、実行した結果として民間委託だけでなく民間協働で行った全ての業務が官民連携の範疇になるということです。

「官民連携のありようを考える。」という問題設定自体が成立せず、事業運営全体を考え、直営部分を除いた、その結果として官民連携の姿が浮かび上がる、そういった構造で理解し、考えるべきものと思います。官民連携の定義は、「直営運営以外の全て。」となりますし、その具体を明らかにするには事業運営全体を可視化し、明文化する作業が不可欠。事業運営全体と直営運営の形態や機能を明らかにすることによって反射的に定義されるものです。

②　官民連携の経緯

官民連携がキーワード（新機軸）として取り沙汰されたようになったのはここ20年ぐらいの話ですが、別段新しい基軸でもなく、「水道一家」という言葉が表現するとおり既に体現しているものです。しかし、そう言い切ってしまうと何かしら違和感もあるかと思います。そこにこのテーマの重要点があります。

日本水道の官民連携、その最初を、私は水道資材の国産化に見ます。輸入資材頼みの初期、明治年代前半の水道事業から、国内資材に切り替えていくこれが、日本の水道にとっての官民連携の出発点ですし、製品品質確保のための認証制度（現在の日本水道協会規格ＪＷＷＡと認証）などの始まりもここにあります。

その後、直管やポンプ中心の民間資材に、異形管（曲がりや分岐等の接続管）の民間製造（大昔は水道局直営！　これを知った時は、けっこう私自身衝撃でした。水道局に冶金《やきん》部があるというもの。）などが加わり、資材製造が民間に移行、その後、設計業務代行のコンサルタント、浄水場等の拠点施設の建設、管路埋設の施工などが民間に移行し、これぐらいまでが「水道一家」の意味する官民連携といった印象が私にはあります。

その後、民間ビジネスにおけるリストラ、外部委託（アウトソーシング）などの影響の中、公共における民間的手法の導入（ニューパブリックマネジメント）が求められるような時代背景がありました。公共部門の非効率、無駄といった論調からの公務員減らしもあって、水道事業においても民間委託の推進が叫ばれるようになっていました。そのような中で、先陣を切ったのが、水道メーターの検針や料金収受、更には顧客管理といった利用者応対業務でした。直営職員の定員削減が進む中、その当時これを官民連携の一部として明確に意識して委託したかどうかは少々疑問もありますが、経緯的にはこれが資材や建設関連業務の分野が中心だった民間委託に、業務運営業務が入り込んだその最初という整理ができそうに思います。

更に、環境規制の強化に伴い水道事業にとって新たに加わった排水処理や汚泥処理といった業務が民間に委ねられた結果、浄水場内業務の中に民間業務が入り込んでいくことになっていきます。水道事業の中核技術を担う浄水場に直営業務以外のものが入った、そのこと自体が今に至る、施設運転管理の民間委託、いわゆる今日的な官民連携の始まりといったところでしょう。事業費削減（コストカット）手法としての民間活用と言えます。

本当の意味での新たな官民連携の展開は、浄水処理に民間企業や民間企業からの運転管理員が入り込んだ頃からかと思います。水道事業の場合、運転管理だけ外部委託が進展したというよりは、浄水場の建設、いわゆるエンジニアリングの民間委託で、その処理方式自体を民間提案に委ねるものから始まり、建設と運転管理の一体発注の進展とともに運転管理人員の外部委託、外部依存が進みました。その象徴としてPFI方式が法律制度とともに用意され、現在の状況の骨格ができあがりました。まさに象徴的なものとしてのPFIで、しかもこれは国内において実例、実展開とともに用いられるようになったものでなく、イギリス・フランス中心とした公共事業から新手法として輸入されたもので、水道事業において具体展開となったのは平成年代中盤以降です。当初の水道事業の導入事例が、浄水処理本体でなく、汚泥処理や発電などであったことは理由がないものではなく、中核技術と業務は直営で、周辺業務を民間委託で、という従来の業務運営形態と方針が反映された結果と言えます。

まとめます。資材の国産化・民間製造化から始まり、詳細設計から始まるコンサルタントの誕生と成長、プラントエンジニアリング会社による拠点施設の建設代行、土木施工関係の民間委託と、更にその裏で直営職員数減少による顧客管理（検針・徴収）関係の民間委託が進行、そして新たな官民連携手法の輸入によるＰＦＩ／ＰＰＰの流行、簡単に整理するとこういった経緯です。

今後の人口構造の変化を考えると、水道事業の内部環境、業務運営の人員体制をどのように確保するかが大きな課題になります。公共側の人員体制の補完を金銭的な措置だけで民間に求める、そのような状況は終わりつつあります。人員不足と新規採用の難しさは官民問わず共通の問題です。いわんや費用削減（コストカット）手法として考えるのは、近い将来不可能となるでしょう。今後、考えるべき官民連携の課題は、長期的にどのような官民連携の形態で、水道事業全体を支えていくか、ここにあると思います。単年度主義で民間企業に直営職員の不足分を補ってもらう、もらえるということが、現時点でもほとんど無理な状況になっていることを認識すべき時期です。

③　ＩＴ（情報技術）・ＩＣＴ（情報コミュニケーション技術）からデジタル化、デジタルトランスフォーメーション（ＤＸ）への対応

電子化～システム化～情報技術（ＩＴ・ＩＣＴ）～システムネットワーク化（ＩＯＴ）から、ここ５年の流行語のデジタルトランスフォーメーション（ＤＸ）といったところに対する水道事

業としての対応はいかなるものとなるのかです。まだ見ぬ新技術への対応ですので、単なる感想と雑感に近い話になりますが、これらは水道頭《あたま》・体質（水道関係者のシコウセイ（思考性、指向性、嗜好性）とでもいうのでしょうか。）とは相容れない、少なくとも親和性の薄い話。そのあたりに触れておこうと思います。

電子情報技術の流れとしてはまさにこれなのですが、これらはこれまでの水道事業にとっての官民連携と異なる大きな観点が入り込んでいることに気づきます。これが水道事業においてＤＸを扱いきれない現状を生んでいると私は理解しています。

そもそも今まで水道工学が、いわゆるローテクを良しとしてきたところがあります。自然現象を取り込み、低エネルギーと人間による管理をよしとし、無用な機械／電子制御を排除、単純な作動原理で水道システムを動かすことを理想としてきました。自然流下を理想とする水道の基本発想です。そういう人種にとってこの電子情報技術（ＩＴ）の話は心情的によくない。（外部の方はそんなことと思うかもしれませんし、こういう部分の相違、また心理的な障壁というのは、何か決定的なことでないように思われがちですが、最も大きな障壁となりますし、これは何も水道界だけの問題でなく、異業種間の一般論として最大の壁かと思います。）

加えて、この技術が水道界の外の完全民製技術であって、自ら欲したものではないということです。これまでの官民連携は、当初の国産化は少し微妙ですが、直営体制からの切り出しで、たまたま受け手が民間であったから民間委託、官民連携と称されますが、水道事業者の心情としてはまさに外部委託化です。しかし、自らやっていたものを民間に委ねるといったものとは異質の内容がＤＸにはあります。また、このＤＸの担い手たる民間企業がいわゆる水道関連企業群ではない、企業としてそこに名を連ねても、その担い手がまったく水道事業を知らない人種の、本格的でそして初めての異業種交流、それもどちらかというと水道事業者側から頼んだわけでもなく、政府方針等から、義務的にやるべきといったことで、心情的には外圧的に入ってくる話。そもそもどう受け止めれば、どう理解、消化すればいいのかといった段階での悩みのように見受けます。

半分言い訳のようなことですが、水道事業者の状況を勝手に想像し代弁すると、そもそも事業評価や政策評価で費用対効果が強く求められる一方で、具体の事業運営への組み込み方も分からず、その具体的効果も水道関係者に理解できる形で提供されない中、ＤＸは世の中のトレンド、そのような話に乗れない、正確にいうと乗るも乗らないも、やるもやらないもその具体的内容が分からず検討することさえままならないといったところではないでしょうか。

④　官民連携のまとめに変えて雑感

水道事業にとっての官民連携には経緯と段階があり、まずは具体の事業運営の中でどのようなところを切り出し考えるか、民間活力の活用などという話はその先の段階の話であって、何を切り出すかが最重要課題であったこと、そこを出発点にして整理すると今後の絵姿を描きやすいと思います。一方、ＤＸはまったく局面が変わる、現在の事業運営やその効率化とは別の話で、まだ外部で発生した新技術をどのように水道に組み込むか、組み込みうるかを考える段階にあるとすべきでしょう。ただ、今後の労働人口の減少に伴う事業運営の担い手も減少するため、官民を問わず現在の人員体制を維持することは事実上不可能。なんらかの省人力化が必要になる中、当面は、人員の直営比率の再考、その後に官民挙げた人員体制の再構築が不可欠となります。それは単に情報技術の取り込みだけでなく、施設の再配置・統廃合といった運営施設の有り様にまで遡る話です。

そういった意味では、官民連携を費用的な効率化、いわゆるコストカット手法として考える時点はとうの昔に過ぎ去っていて、現時点では今後の事業運営体制を支え続ける、事業継続性が最大の観点となっています。

将来に向けて、人力を使わずにどのようなことが、どこまでできるか、その時々の技術可能性を絶えず勉強しておき、時を見て導入できる状況を作っておくことこそが重要と思います。

官民連携の経緯を超えた話になりましたが、一連の流れと今後、そういった少し水道事業の現運営体制を離れた、距離的にも時間的にも遠い立脚点から見るべき話というのが、私にとっての官民連携の結論です。

２　水道事業の将来像に向けて

１．水道事業の特性と現状認識

本節は、これから先の水道事業はどのようなものとなっていくのか、その将来像を模索するものです。ここまでお話ししてきた「水道第四世代」の具体像を探るものということになりますが、具体像そのものを呈示する能力は私自身にあろうはずもありません。ポイントは、「事業環境に順応した水道事業であること」という変わらぬ本論にどれだけ具体性を持たせられるかということです。将来の事業環境の全てが分かろうはずもありませんし、それを支える水道技術の進展も現時点で全てが分かるものでもありません。今の時点で分かることと分からないことを整理し、分かることの範囲から水道事業の将来像を探る、その限界を意識した題名が、〝将来像に向けて〟というものですし、主には、新たな事業環境の中で新たな水道像、第四世代水道を模索する際の考え方、基本姿勢みたいなものです。

なんにしても既に、将来に向けての話は、ここまでも端々にでてきていますが、ここではそれを中心テーマとして進めていきたいと思います。

将来の事業環境とは何か、水道を支える水道技術とは何なのか、それは現在とどの点が共通し、どの点が異なっていくのか、このあたりがここの出発点になります。

将来の事業環境で最も大きいのは少子高齢化極まって長期人口減少社会へ移行した状況になり

ます。何度も繰り返しているように、これは単純な需要減を意味するのでなく、全体の人口減少に加え、世帯構成の変化、現役世代（労働人口）の減少、都市構造や産業構造の変化など、水道事業に影響する要因は様々です。

この中でも、人口減少と世帯構成の変化、現役世代の減少に伴う担い手不足は、最も影響が大きい上に、将来の推計も容易な部分で、まずはこれらを正確に把握する必要があります。

既に、1億2千万人に相当する水道施設容量を持つ状況の中で、徐々に進行する人口減少にどのように順応、適応した事業体制としていくのかを考えることになります。

(1) 競争から協働へ～広域連携の必然

これまで、市町村単位で己が街のために水道の普及を進めてきています。結果として都市間競争の図式です。共同対応といえば、高度成長期において増加した水需要に対応した、水源開発と用水供給事業ぐらいのものでしょう。基本的に市町村単位で己が街のための水道施設であり施設容量でした。

用水供給事業は、戦後現れた第三世代水道の象徴的なものです。1960年代、事業としてはいくつかみられるものの、全国的な浄水容量としては大きな意味をもっていたわけではありませんが、その後急拡大、1990年代には、末端供給側が浄水容量を縮小する中、浄水容量の二割を占め現在では三割ほどとなっています。

図表18 末端・用供の浄水量の推移と将来（再掲）

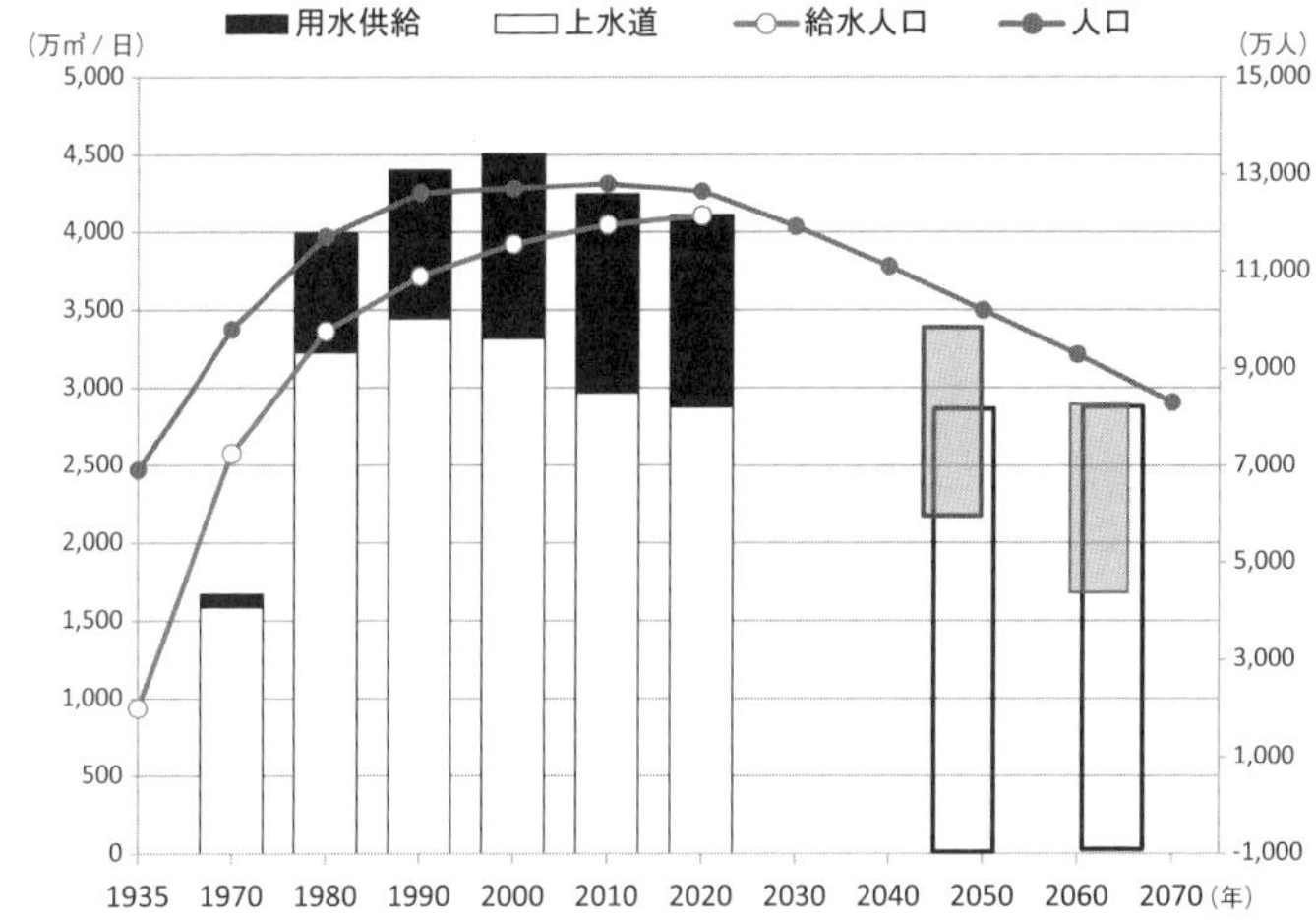

今後の人口減少を考えれば、２０６０年頃には、現在の用水供給の持つ浄水容量〝相当分〟が不要になると推計できます。人口増加とともに生まれた用水供給事業は、人口減少とともに不要になる、たしかにこれも一つのシナリオではありますが、実際にはそんな簡単な話ではないと思っています。用供の浄水容量が貴重な地域の共有施設容量であること、末端の浄水容量は、どんなに大きくとも、基本的にはその事業のみで利用可能な容量であるのとは対照的です。そのため、どのような時期に、どういうバランスで容量の再編を考えるか、地域ごとに考えざるを得ませんが、少なくとも個々の事業の都合で決定することではない、ここにも広域連携の必要性と意義があります。

先行整備された末端供給の浄水施設から順に更新されることになりますが、その際に従来のように用供施設を補完的に考えるのでなく、これから先最低でも30年、50年を考え、その時々をどのような容量配分で支えるか、そのためにどのような施設再構築を考えるか、そういったことが問われることになります。

これから先の水道計画は、決して従来の部門ごとに細分化された検討から始まるものではないことも自ずと導かれるところです。

〝浄水場〟の更新検討は〝連絡管〟の整備かもしれない。〝管路〟の更新検討は〝水源探しと小規模浄水施設〟の整備かもしれない。全体構造を変える課題に向き合うとき、浄水部門が浄水の中で、管路部門が管路の中だけで考えていてはいけないわけです。水道計画の基本に立ち戻って、もっというと白地で一から水道計画を立案するとしたら、そういった思考を持てれば、それは当然のことです。平成の30年間続いた人口頭打ちの期間において、計画部門に重きをおかなかった、といったら言い過ぎでしょうか。表面上の定常状態、人口が変化しなかった疑似定常の平成の30年間を、本当は、現在のこの事態に向けて、準備を進めてくるべきだったと思います。ただ、表面上、施設容量と配置の問題が顕在化していなかったため、次なる事業環境に対応した構想と立案に大きな期待もしなかったでしょうし、組織人員的にも多くを割かなかった印象があります。またそれで大きな実害もなかったのでしょう。今後は、大きく事業環境が動く時代になりました。計画部門の拡充は不可欠でしょう。拡張期の計画部門と同様どころかそれ以上の重要性があります。

(2) 現在体制からの移行〜プロジェクト管理からプログラム管理へ

その時々をどのように支えるか、既に述べてきたことですが、これもこれまでにない行動原理です。これまでの計画と行動原理は、基本的にプロジェクト管理でした。〝時点達成管理〟とでもいうのでしょうか。ある時点を決め、その時にどういう状況を作り上げるか、時点とその点での最適化で水道事業は展開してきました。「第○期拡張計画」というものが、それそのもので、数次のプロジェクトをある期限までに完成させる、そういうことを繰り返し、その組織訓練と成功体験の先に今があります。

これから先は、どのような施設容量をどのように使いこなしその時々を支えるか、プログラム管理の時代です。日々の運転と施設再編のマネジメント（管理）をプログラムとして実施していくことになります。経過管理であり、施設というすぐには変えられないものとのおつきあい、当然、最適化などとはいっていられません。最適化は、何か目標を一点で決められて初めて成立するものです。一年一年需要が減少に向かう中、仮にある時点で最適化したところで、その一瞬の最適化にすぎません。今後目指すべきは、ある時点における１００点を狙うのではなく、時間経過のなかで、どれだけ80点の期間を長くとれるか、当然、施設運用・運転管理と施設容量の相互でそれを実現していくことになります。

人口減少の推移から、ある時点を読み取る、縦の読み取りと理解から、需要動向の時間ずれ、横の読み取りと理解へという話もさせてもらいましたが、それと同様の発想です。

ここまで話を進めれば、当然、理解してもらえると思いますが、現在の水道事業の課題は、決して、老朽化と更新問題ではありません。単純更新などもってのほかで、施設再構築、将来需要に向けた水道計画の再構築となります。施設整備～維持管理～老朽化～更新整備で一に戻る、そんな単純な話でないことは当然です。これから先は、施設の運転管理と施設運用体制の再構築、施設の保守点検・維持・延命化と次世代施設の整備、そしてそれらの併用と移行、こういったことが渾然一体となって進む、少なくとも半世紀近い遷移期を経て、ひょっとすると今世紀後期にある種の落ち着きへ帰着するかもといった将来と考えます。

どれだけ運転管理の技術で、当面をしのぎ施設容量を削ることができるか、そんなことも時間経過の中での変化を踏まえれば一つの課題設定で、それなりの意味を持つことになります。浄水場の運転管理、ろ過速度をどこまで上げられるか、それ一つで浄水場に求められる施設規模は大きく変わります。増加の時代には、いずれ必要になるのだから今後の余地を残すためにも標準設定で設計する、それも余裕を持つための正しい行動でしたが、いずれ余剰となる時代にそれは避けるべき行動原理。それぐらい需要増加と減少では異なる事業環境です。当面の多少の無理をポンプ圧送でこなし管径を絞る、それも状況次第では考えなければならないことです。少なくとも計画検討の際、念頭にあるべきものでしょう。安全側と危険側は入れ替わることがありうるということを考慮しているか、これだけ取り出せば当たり前と思ってもらえるかもしれませんが、具体の水道計画のありよう、計画検討の定式にはなかったものです。従来の行動指針にはないものを正確に入れきれるか、これもまた大きな課題の一つです。

必要なことは自らの専門分野を持ちつつ、事業を取り巻く状況を意識的に把握、理解して、事業全体のあるべき姿を考えることです。誰かが考えるのでなく組織で考えるべきで、本来あるべき組織の姿そのものだと思います。

物事を細分化して分析するというその方法が、対象が定式化されている場合の方法論であって、どういう問題なのかその定式化そのものを課題としている状況で、方法論だけ従来通りの細分解析型を持ち込めば、その時点で出てくる解答は、小さな分野の中で、無理矢理ひねり出す、その中でだけ通用するものです。それらを並べてみても、当然、あちらを立てればこちらが立たずの解答ばかりとなるのは、ある種の必然です。大きな問題をそのまままみんなで受け入れて大きな問題として取り扱うこと、簡単なようでこれまでやってこなかった対処方法です。

「専門家を集めて学際研究の成果がでると信じるのは、イギリス文学者と日本文学者を一緒にすれば素晴らしい英和辞典ができると信じるのに等しい。」こんな話を読んだことがありますが、本当にそう思いますし、同じ愚を犯しかねないと思います。比較するとなんとなく同じ言語を話している分まだ通じ合っているように錯覚しますが、今後を考えるキーワードである、基盤強化も、広域連携も、官民連携も、本当に思い浮かべているものが全て同じでしょうか。こういう時にこそ、言葉の定義、基本認識を全て疑い、一から組み立て直すことが必要だと思います。

少なくとも、施設寿命の期間内の需要変化に応じて、どのような運営、運転管理を行うか、それは単独の施設・部門でなく、水道システム全体として考えなければなりません。時点時点を切れば、今と比べれば何割減という、ある意味分かりやすい数値目標が出ますし、その背景を忘れてその数値だけで設計に入ることもできますがこれこそがプロジェクトマネジメント型の発想と作業です。分かりやすい数値目標の設定を行った時点で、いつのまにかプログラムマネジメントによる全体管理がある時点で達成してさえすればいいプロジェクトマネジメントにすり替わっています。需要は徐々に減り、ある施設が完成したその後も減り続けます。それにどのように対応するのか、時間経過を管理する、まさにプログラムマネジメントとなるためにどうするのか。予測誤差をどのように修正するかを含めて、時間経過を想定し、絶えず現在状況を観察した上で、幅で管理していくという、新たな管理手法を模索していく他ありません。

(3) まとめ~行動原理の変更

全てとはいいませんが、これまでの定式、言い換えると成功体験がどれだけ通用しないか、ぜひとも理解していただきたいことです。定式には必ず成立条件、成功には背景と理由があります。あまりに長く続いた人口増加のおかげで、無意識のうちにその人口増加を前提とした常識にとらわれてしまっていないか、これを考え続けることとなります。問題は、無意識に人口増という条件下の正解を、無条件で人口減という条件下の解答にしてしまうことです。ここまで、個人と組織が学習して獲得してきたものを疑う姿勢を持たなければならないですから、本当に大変な話です。

既に述べましたが、それは、単に検討や構想といった際の行動だけでなく、現在の組織構成や責任分担までが、過去の定式に従い、それに最適化されたものだということです。その範囲内でいくら個人が思考と指向を変えても本当の意味での組織全体の行動原理の変更にはほど遠いものになってしまいます。

現行の事業展開にとって必要な現行の組織体制・責任分担と将来の事業展開のための体制は別物と、少なくともそれを意識して組織として皆で将来を考えることが絶対に必要です。これまでそれほど重きをおかなくてすんだ計画部門の拡充とともに、計画を計画部門だけでやればいいと思わないこと、この二つをいかに両立させるか、最初に立ちはだかる最大の課題です。

言いたいことはほぼこれで言い尽くしていますが、ここまで散発的に述べてきたことを、キーワードを挙げてまとめたいと思います。

まずは、①成功体験からの脱却、これまでの問題対処の方法のありよう自体を再検証する必要があります。それは現在の、部門体制に課題設定を分解する方法自体を再検証するといったことになります。

次に、②最適化の無力化への自覚です。最適化以前に、人口減が延々続くことを考えれば点を決める条件設定そのものが無力化していることその認識と理解からです。点を決められないのですから、当然、その点に対する最適化、最適設計などまったくの無力。施設能力は施設諸元だけから決まるのでなく、運転・運営管理方法と施設諸元との関係で決定するもので、前者の努力と能力によって、後者の施設の物理容量は削減可能です。それをどのように使いこなして、今後の30年、50年を乗り切るかを考えるといったことになります。

多少蛇足ですが、③ＰＤＣＡのような行動指針も無力化します。計画を立案し運営を開始してからの改善は、究極の後追い手法です。このＰＤＣＡが効力を発揮するのは、固定目標、固定条件の際だけです。目標自体が動く条件で、計画を最初に置き、その後の〝カイゼン〟では目標変化に対応しきれません。目標の移動・変化がどのような範囲に入ってくるのかを予測、想定して、行動原理を決めておくことが重要です。とにかく状況をよく見ること、これに尽きます。言葉だけというのは望むところではありませんが、このような場合の行動原理として陽動戦用のＯＯＤＡ（Observe-Orient-Decide-Act、オーオーディーエー若しくはウーダ）と呼ばれるモノがあります。「観察・方向付け・決断・行動」とでも訳すのでしょうか、よく見て、それを踏まえた方向付け、目標が固定化出来ないわけですから、確度を検証した上での決断と行動でその後は対応するというもの。どこか今後の水道のあり方にも通ずるところがあるかと思います。

少々、毛色は異なりますが、運営体制の変化を踏まえた④人員減への対応です。具体的には、日本の人口構造上、否応なしに人は減ってしまうわけで、効率化やコストダウンのためでない標準化、共通化、その先のＩＴ活用といったところでしょう。少なくともできるできない、現状の人員体制を前提にした要不要でなく、今後の担い手減少を見越した、システム化を考える時期にきています。人量（マンパワー）、人力に頼らない施設構成と運営方式を今から考えておかないと、既に始まっている人不足には対応しようがありません。今般流行っているＤＸは今後の日本の人口構成からいくと、否応なしに考えておかなければならないことと思います。

ここでも出てくるのは、最適化の無力化でなく、⑤最適化へのあきらめ、不都合の受忍です。

正確に言うと個別業務分野、個別施設ごとの最適化をあきらめるということです。標準化、共通化の先には汎用化があります。汎用化の意義は決して全ての要求を飲み込むものでなく、最小限の共通仕様を定め、個々の不都合、従来のやり方をあきらめることにあります。一品モノ、受注生産モノは、その対象のためだけのもので、当然使い勝手の良さは、そこに限ってはありますが、それをあきらめる時期にきています。その理由は単にシステムの簡略化だけでなく、担い手の減少により個々の運転・運営を、習うより慣れろに任せた、いわゆる熟練が望めなくなっていることにあります。今後の施設と事業運営は、人に合わせる、人と組織が律速となって決まっていくものになるでしょう。施設と事業運営、あるいは仕様とルールに合わせて人を育成する時代は終わりました。そのような人的条件、また人材育成の時間条件は望めなくなっています。人が短期間、おそらく新規採用から十年程度で人が習得できる業務内容になるよう施設と事業運営が歩み寄ることになるはずです。（10年以上前の話ですが、ルンバブルという家具業界用語をご存じでしょうか。自動掃除機ルンバは、様々な状況での使用を想定して設計されているとは思いますが、家具業界自体が、ルンバがうまく掃除できる仕様に家具を設計する、そのような仕様の家具を〝ルンバブル〟と呼びました。ソファー下の高さを、ルンバが通れるようにするといったモノですが、家具がルンバというプレイヤーに歩み寄る、これと同じような話だと思います）

何にしても、水道事業の律速段階、律速分野がこれまでと大きく変わります。事業環境、それも外部環境と内部環境の両者をよく見て、何を重視し、何を起点に考えるのか、そういった課題設定そのものが最大の課題となってきます。目の前にある障害、取るに足らない、取り上げてはならない、数々の障害と問題を課題とせず、それらの中から何を選び取り、何を課題として取り上げるのか、この段階に時間と労力をかけ、熟考を重ねてほしいと思います。

(4) 将来像の具体

水道の将来像は、その地域ごと、地域次第。言ってしまえばそれで尽きていますが、なぜそうなるのか、使い古されたいいようしかないのかにもう少し入ってみようかと思います。共通部はないのか、個別対応というのであればなぜそうならざるをえないのか。私程度が、現段階で述べるに至ったものはそうは多くありません。現在考えていること、そこに至った理由を含めて述べたいと思います。

① 水道計画の基本

水道を計画する際の与条件と計画として決定する解答部分を確認しましょう。水源はその地勢と水文で決定されていて、どこにでも望めるものではありません。需要も水道が主導的に決められるものでなく、都市・街の発展に従い決められる与条件です。よく考えると都市・街と住民の身勝手な話で、どうにかしろに工学的解答をひねり出すのが水道計画の悲しい性《さが》です。このように上下を与条件で縛られ、間をつなぐのが水道計画、極論をするとそういう話です。水道用語に置き換えると、取水と配水は与条件で、導水～浄水～送水の配置と容量に解答を出すのが水道計画です。結局、水道施設の巧拙は地勢と水文の目利きで決まる、というのが私の経験則です。

人口増と都市化、都市域の拡大という共通事項が国内の水道の基本条件で、ここに数々の定式と共通仕様を生む素地がありました。第二世代の水道、戦前までの末端完結型の水道であれば、近傍の水源と需要をつないで工学的な解答を出す、これがこの世代の水道計画の図式です。

第三世代の水道になり、人口増と長距離導水、ここに個々の都市の事情をこえた共通事項が生まれます。都市を規定する場の地勢と無関係に、遠方の河川に新規水源を求めるものです。元々、都市とその近傍後背地では支えきれない故の開発ですから、技術（ポンプ）と動力（エネルギー）に任せた力業《ちからわざ》とならざるを得ません。このならざるを得ないという要素が工学的な定式・共通仕様を生む基本条件となりました。結果、ダム技術とポンプ技術（それを支える電力エネルギー）の使いこなし、事業経営技術としては用水供給事業の創設拡大が全国一様に見られる状況になりました。

さて第四世代です。ここまでの世代と異なり自由度が増す要素が一つだけあります。水源です。これまでは需要増への対応で否応なく行った水源探しと水源開発でした。あるものは全て使う、使わざるを得ない。使い尽くすと、物理範囲を広げ、遠くに水源を求め、結果としての長距離導水、他流域の水源依存です。今後どこでどう減るかはともかくとして、需要量送量としては減少し、当然、水源にも余裕……から水余りへ徐々に移行します。水道史上初めて、は言い過ぎかもしれませんが、先人が望めなかった水源の優先順位付け、取捨選択ができる初めての世代となります。

水道計画は上下を縛られて……から、最上流に多少の自由度が生まれます。低標高、下流域の水源を無理に使う必要もなくなり、標高のある上流水源を優先とした水道計画が可能となるわけです。

コスト面との折り合いを考える資産管理（アセットマネジメント）も大切ですが、前述のとおり、どうしても現状施設前提のものとなりがちな管理手法です。将来施設の再構築を前提とした資産管理……このような論法もないわけではないですが、そう考えるよりむしろ、水源から水道の構成を考え直そうと考える方が分かりやすい方針でないでしょうか。『水道計画の本論に戻る』と考える方が本筋と思います。

② 送配分離

ここまでに述べた水源の選択、それに浄水場の老朽化対策が加わり、この二つを同時に扱うのが今後の水道計画になります。

これらを扱うのですから、当然、不足を前提とした現在の事業単位の中だけで考えうる問題でないことも自明でしょう。個々の事業の中でなく、少なくとも用水供給と受水関係のある末端事業、これらは一体としてどのような水源を選択し、どのようなルートと浄水場を経由して需要地へ送水するかを考えざるを得ません。

同じ管路技術ということで、何かと送配水を一緒に捉えることが常識化しているように思いますが、（そうでなければ杞憂なので読み飛ばしてください）送水と配水を区分して、機能分けをすることが求められます。浄水場の更新問題、それも複数の浄水場から、その時々の進捗に合わせて需要地（配水）をどう支えるかが変化するような事態が考えられ、浄水場の統廃合や共用化を考えればますます送配分離は必須かと思います。

工学的にはモジュール化といいますが、その部分の設計が他の部分に影響しないようにするもので、互換性などを確保するためのシステム設計の基本です。これまでのブロック化は、配水レベルでの水量・水圧の状態監視・把握と対応で、配水のためだけのものでした。送配分離は結果的にはこのブロック化を求めますが、主題は、導・浄・送水の移行・遷移を可能とするための条件整備です。

現行施設の老朽化やそれに対応した更新が問題視されますが、現行施設は、これまでの都市化と人口増にその時々に対応してきた足し算の結果、言い方は悪いですが大半はその時しのぎの継ぎ接ぎの施設構成となっています。決して褒められた施設構成でもなく、今後はこの施設構成そのものに手を入れつつ、耐震化等の設備面の高度化を図るというのが本論でしょう。

従来の水道計画と比べれば、自由度が上がるのは水源の選択余地を起点とした上流施設群です。送配水が一体化した施設構成では配水系に縛られ上流構造を変えることができません。水道事業側では決めることのできない配水系（下流施設）を設計計画上、明確に区分し、上流／下流を別々に設計できるようにすること、これが今後の水需要の変化に対応する基盤になります。

ロンドンなどが実現した環状送水管（リンクメイン）とまではいいませんが、浄水場と配水池、それらをつなぐ連絡送水系統の再構成は、せっかくの再投資をする際に考えるべきことでしょう。

送水管、配水本管、配水支管、水道には管に関わる言葉がいろいろありますが、実施設を見ると、その名前が指すものは、事業ごとに様々です。その時の時間と費用面からそうせざるを得なかった結果としての現状施設を追認するのでなく、一から水道計画の基本に戻り、あるべき施設構成を考え、それに向かって作り直すことができる最後の機会かもしれません。世代を代えるというのはそういう仕事に他なりません。小さなコスト縮減を言い訳にせず、もう一度、理想像を追ってみる。それはこのような変化の時代にしかできません。現行の施設構成のまま、部分的に耐震化などを進めてみたところで、システム全体としての高度化とは似て非なるもの。危機管理対応の高度化も含め複数水源受け入れのための他系統化、導水・送水レベルでの相互連絡を図るようなシステムの高度化を是非とも構想していただきたいと思います。

③ システムの二重化

このような大幅なシステム変更が予定される中、新旧システムの併存期間は当然予定されなければなりません。これは水道に限らずシステム移行はそういうものと観念することでしょう。現行施設の延命化と次世代水道の構築の結果として、現行施設の更新でなく、新旧施設による複線化は管路に限らず全ての施設であっておかしくありません。二重化が当然であって、置き換えられるものも場合によってはあり得ると考えるべきでしょう。水道の世代が変わる、第四世代という次世代水道への移行期とはそういったものであると考えるべきです。

将来需要を考えたときに、置き換えを基本にすると、現況需要を支えるために、新たに整備するものは、単純更新的なものにならざるをえません。短中期的な現行需要に近い水量は、現行施設の延命化で受け持ちつつ、将来的な縮小需要には新整備施設で対応し、正確に容量を縮小すること、あるいは、過渡期・遷移期を経て、現行施設に求める機能を徐々に縮小しつつ、新施設に機能を移管していくことが本論です。実際に運用するのは本当に難しいことですが、だからといって基本姿勢を妥協すれば、絶えず過度、過剰な施設容量を甘受することとなります。今後の変化を考えれば、絶えず変化する施設体制と施設運用、それを覚悟したプログラム管理にするべきかと思います。

④　まとめ

「資産管理を超え、もう一度水道計画の本論に戻る。」「時間設定に結論が支配されるプロジェクトマネジメントから本当の長期の時間経過を対象としたプログラムマネジメントに移行する。」「施設構成としては、現状施設構成を追認せず、送配分離を基本とした条件変化を施設構成に反映できるよう施設構成の根幹を再構築する。」その際、「現行施設と次世代施設の二重化を厭わない。」以上のことを現時点でのまとめとここでの結論とさせてもらいます。

2．最後に代えて　30年～50年という時間

昭和30年、「もはや戦後ではない。」と経済白書が語った有名な言葉の時期です。水道普及率30％、給水人口にすれば3千万人足らずです。ここから50年で給水人口にして4倍以上、1億人分に近い9千万人分の水道施設容量を用意し、用水供給事業が百を数える、このような事業構造変化がどれだけ当時予想されていたのでしょうか。その時々をがんばった結果として、これだけの大きな変化をやってのけたのが先人達です。現在を担う私たちの世代が見習うべきは、その具体的な方法論でなく、このような構造変化を結果として実行した、それ以前と違う水道を造ったこと、そこにこそあります。

この時と現在の根本的な違いは「やらざるを得ない」という社会的な要請・圧力の違いとその方法論に選択の余地がなかったことと考えます。絶対的な不足に対して講じたことは、財政的な問題以前の問題ですし、技術的にも他水系への水源開発と長距離導水ぐらいです。財政問題を二の次にしてがんばるしかありません。

今後の話は、すぐには大きな問題とはなりませんし、あくまで内部的な余剰問題です。その解決方法も、範囲設定、時間設定などがあって、本当に様々なものがありえます。多くがこうしているとか、こうせざるをえない、ということでなく、自らが課題を設定し解決策を示さざるをえません。自ら信ずるところがあっての話で、これまでになかった状況かと思います。一方、社会的な関心は、うがった見方をすれば、効率化すれば今と同じ料金でこれからもどうにかしてくれ

るんですよね、という現状維持の願望に近いものでしょう。

人口密度が下がれば公共施設の効率が下がるのは水道に限らず公共事業の一般論です。公共交通をはじめとして次々と廃止・合理化がされる中、水道だけが現状維持できようはずもありません。ただし、水道が公共交通と異なるのは、それ以外の代替手段がない点です。現状維持は難しくとも、現時点でできる手は打ち、今後、減少し続ける人口の影響度を少しでも減らす努力は、その担い手として、プロフェッショナルとしてなすべきことと考えます。

現在の行動原理のままであれば、何年経とうとも何も変わりはしません。せいぜい老朽化率の抑制ができるかどうかぐらいです。小さなことでも、30年後、50年後の事業環境を具体的に想定し、それに向けた構造変更の努力を積み重ねれば、人的資金的な問題で多少の長期化はあっても、時間が経てば次なる世代の水道へ変わっていけます。

短いようで長い、長いようで短い、一年一年の積み重ねの結果としての30年、50年という時間をどのように使うかは、今の取り組み次第です。もともと鈍重な変わりにくい水道施設です。歩みは遅くともちゃんと積み上がることこそ重要。その信念さえ持って進めていけば、ゆっくりでも時間がその成果を見せてくれます。「自分を知り、将来を知り、できることから積み上げる」これが一番重要なことと思い続けて20年以上、これだけは変わらぬ考えです。

第2章

水道の略史と現在状況

1　水道の略史と現在体制

既に第一章において、現在の水道事業体制は第三世代の終わりから第四世代を模索するところにあるという話をしてしまっていますし、その中で水道の略史のさわりぐらいは終わっています。重なる部分も多分にありますが、本章では、歴史というのもおこがましく略史とさせていただいていますが、歴史経緯を中心にその時々の水道を紹介します。第一章を読まれて、歴史的な面で物足りなさを感じられた方々に向けたものです。私自身としては、このぐらいの情報を持って再度第一章を読み直していただければ、その内容と論旨が理解しやすくなるのではと思っています。

(1)　江戸時代の水道

戦国時代が収まり、いわゆる安土桃山時代から戦《いくさ》がなくなった江戸時代へ、これら300年ぐらいの間に、日本独自の上水・水道が生まれ各所に設けられることになりました。その略史と経緯です。

現在でいう水道ですが、名称としては「上水」が先に用いられ、少し遅れて同様の施設を「水道」と呼ぶ地方がでてきています。上水か水道かその選んだ経緯などは、私程度が持つ情報では分かりもしませんが、特にその施設の特徴を捉えて使い分けしていたようにも思えず、単に命名や伝承の中で決まっていったものという感じがします。特に飲用（ここでは飲用としますが、具

図表１　日本水道の略史（水道第一世代：木樋水道）

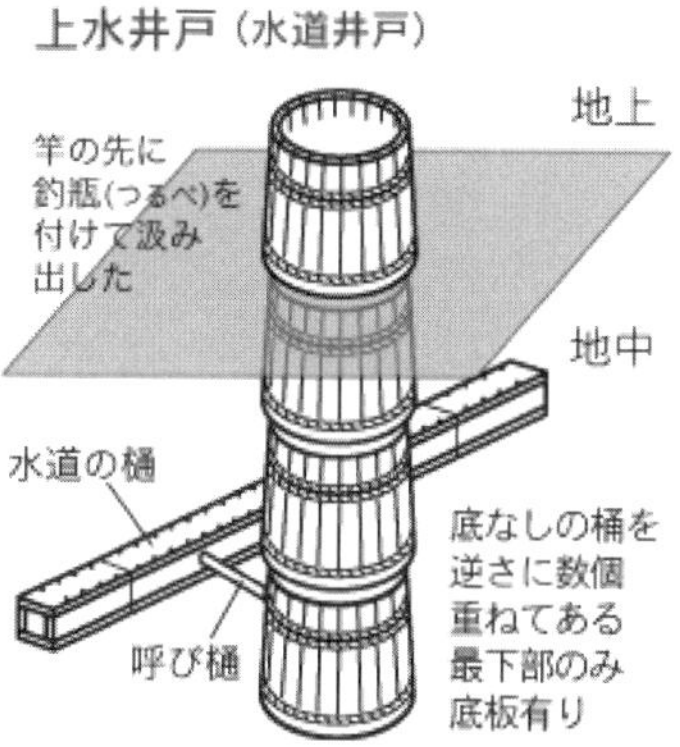

体に飲むこと限定ということではなく生活用水を兼ねて使われたもの）とそれ以外で分けたようでもなく、この当時の上水・水道の大きな分類は、かんがい（農業用水）と併用施設か否かというところにあります。（特段、併用ならどっちの名称を使ったということも見受けられません）そのような基礎知識から江戸時代の水道を見てみましょう。

日本最初の水道は小田原早川上水、と日本土木史そしてそれを引用する日本水道史でもそうしています。この小田原早川上水は１５４５年の完成ですが、これは鉄砲伝来（１５４３年）やキリスト教伝来（１５４９年）といった時期ですので、前述の安土桃山時代と少々平穏になり始めた時期……というより、戦国時代真っ最中で、前提の時期と違うのではないかという指摘があるかもしれませんが、これが唯一の例外みたいなものです。またこれはかんがい併用の水道ということもあり、期待する水道像とはちょっと違うものかも知れません。

飲用専用の最初であり、日本で二番目の水道が江戸・東京の小石川上水、後の神田上水（1590年）で、小田原早川上水の四十年後、本格的な水道がもうけられるようになるのはこれ以降、江戸時代の始まりの前夜ということになります。水道第一世代の到来です。図表2に第一世代の水道をご紹介しておきます。ちなみに「水道」を冠したものは富山水道（1605年）が最初で日本で四番目の水道になります。

この江戸時代の水道がどのようなものであったか、情報の中心が江戸・東京となりますが、私が知り得たものをご紹介します。

この時代の水道、水道第一世代をどう呼ぶべきか。後の明治以降の水道を「近代水道」というのであれば「中世水道」若しくは外来技術に対して「伝統水道」といったところか、北海道大学名誉教授の丹保先生（恩師）は「和製水道」といった表現もとられていました。そもそも、この時代は他に比較する水道もないわけで、この時点でこれだけを限定して言う必要もなく、上水・水道と呼んだのでしょう。近代水道成立以後の明治の歴史書では「木樋水道」といった表現で近代水道と区別をしています。これは、近代水道が輸入資材である鉄管で構成されたことからの命名のように思います。（これは一般用語ではなかったようで、鹿児島では、江戸時代の水道をその資材から「石樋水道」と呼んでいたそうです）ということで、この時代の水道を区別して呼ぶのであれば、先人に敬意を示して木樋水道とするのが妥当なようです。

この木樋水道ですが、近代水道との違いで言えば、自然流下で水圧をかける技術がなかった点

図表２　日本の近代水道以前の水道

【完成年】1545　小田原早川上水（飲用、かんがい）
1590　神田上水（飲用：日本最初の飲用専用水道）
1590　甲府用水（飲用、かんがい）
1605　富山水道（飲用、かんがい：日本最初の「水道」の名称）
1607　駿府水道（飲用、かんがい）
……1654　玉川上水（飲用）（21番目、飲用専用で9番目）

江戸時代の上水・水道は37を数える（日本水道史）

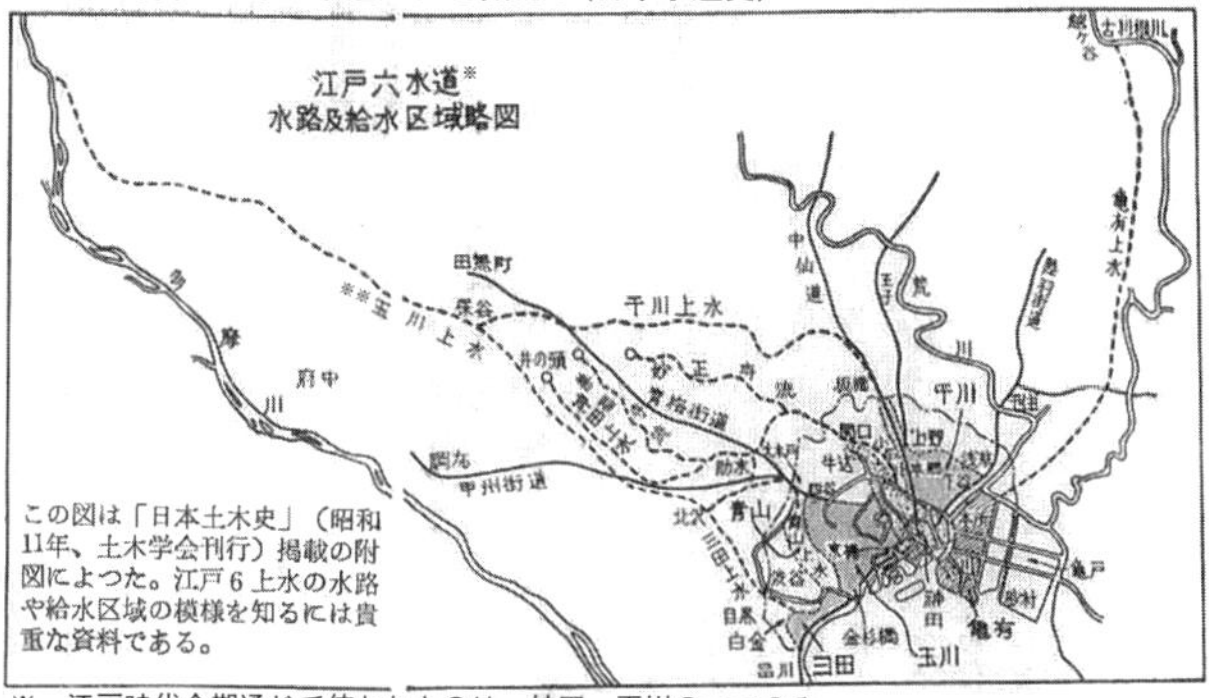

※　江戸時代全期通じて使われたのは、神田、玉川の二つのみ
※※羽村ー四谷42km　高低差92m　2／1000の勾配

図表３　江戸市中の主要樋筋

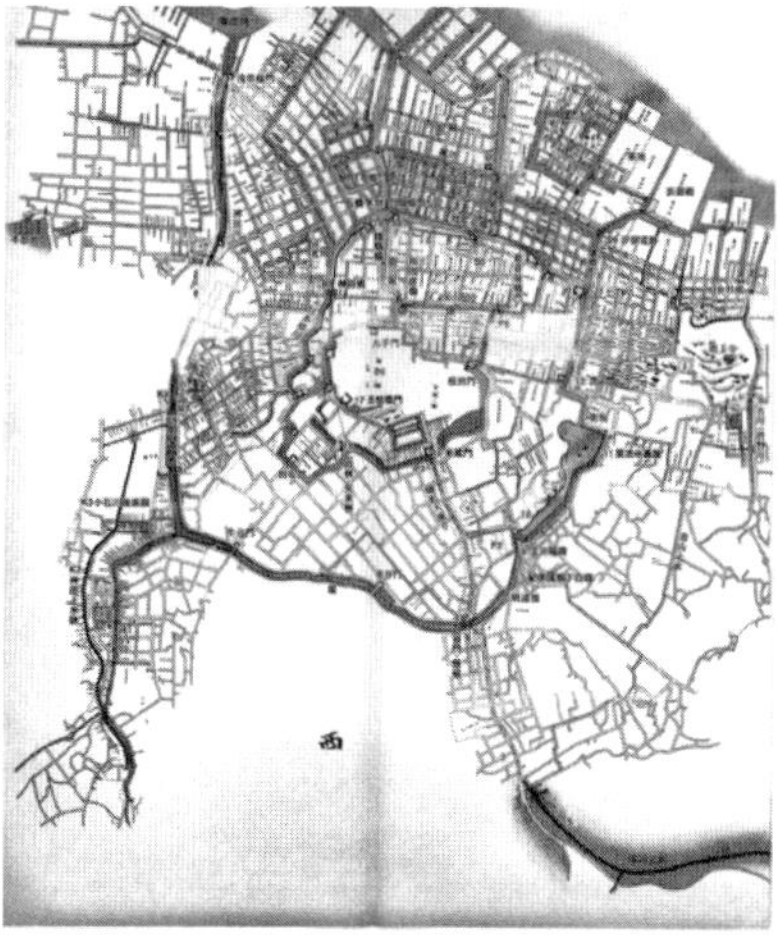

江戸市中の主要樋筋（1680年代）

- 1616年頃　道奉行が上水道を管理。
- 1666年　上水奉行（先任者）の記録。
- 1693年　道奉行に移管。

- 1650年頃以降は、水道料金（水銀（みずぎん））の徴収で水道を経営（水元役、水元町人、水役と言われる請負人）。

- 水銀：維持管理費、普請金：補修費
- 徴収方式は様々。
  町方：表間口に応じて町が負担
  武家：石高に応じて
  水銀については、一間で11～16文（そば一杯分といったところ）
  その他補修費用など臨時徴収

- 1739年　道奉行から町奉行へ移管
  （江戸の上水道の歴史、玉川上水の維持管理技術と美観形成に関する研究報告書）

図表４ 江戸の水道

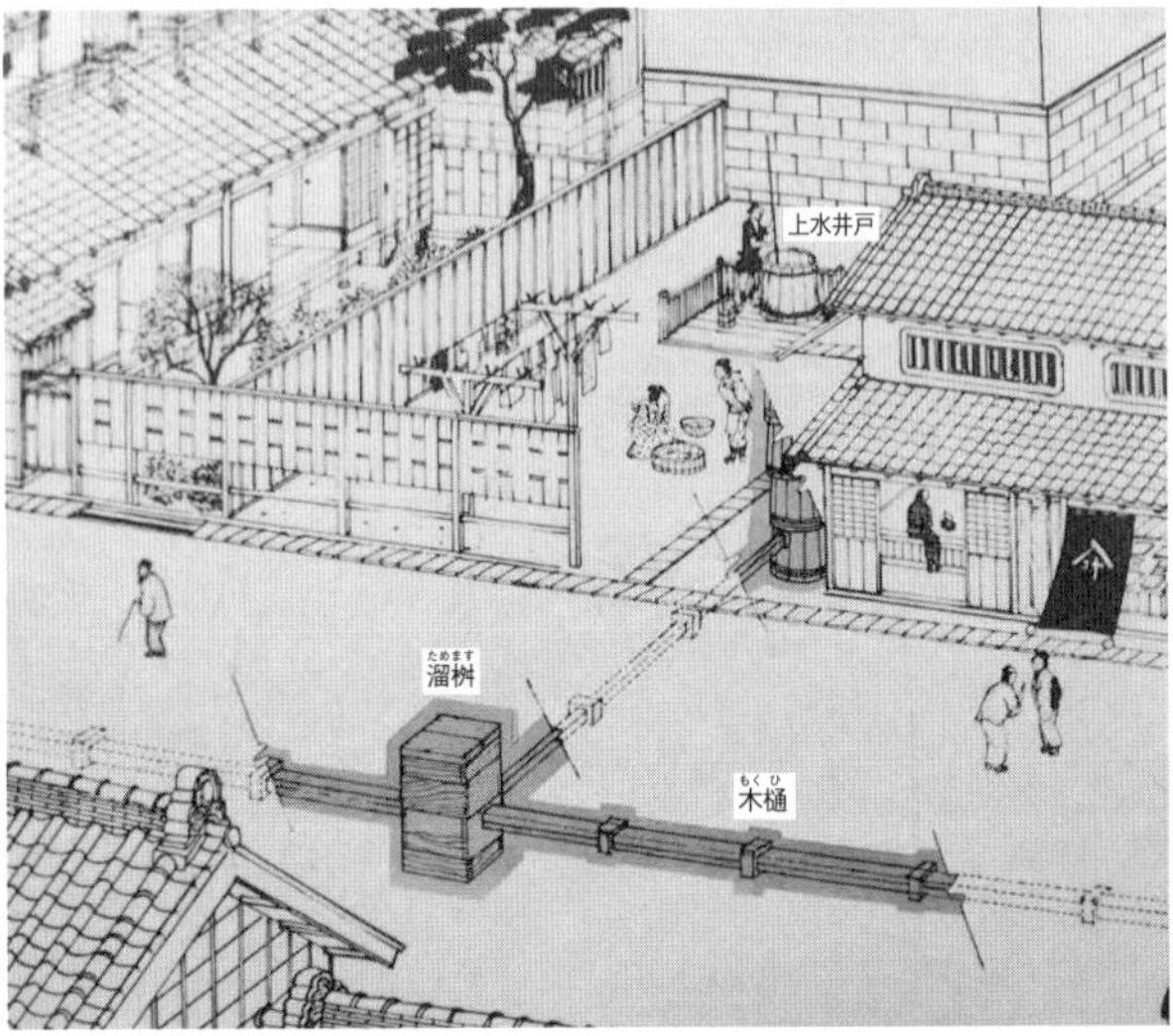
上水井戸
溜桝《ためます》
木樋《もくひ》

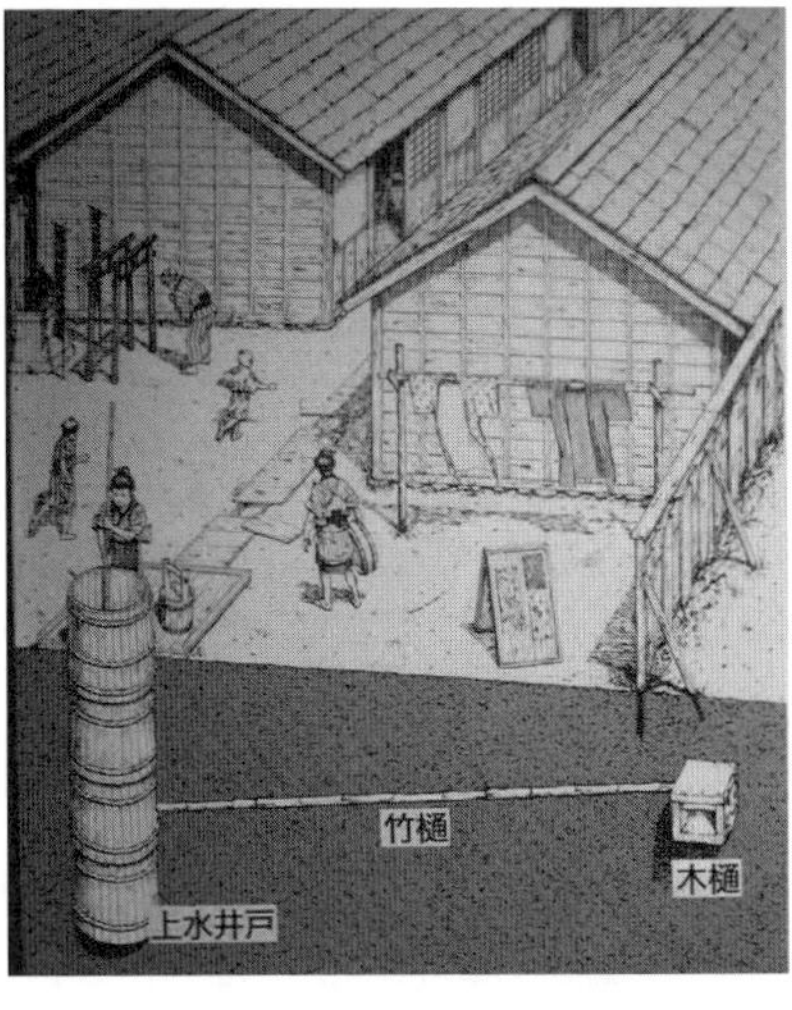
竹樋
木樋
上水井戸

が挙げられます。また名前の通り、木材や竹、一部に石などを組み合わせたもので構成されていました。一方、今との類似点で言えば、道路下に埋設されていた点です。歴史遺構としては、水源から城下町に引かれる、今でいう導水部で、かんがい水路同様、完全な開水路を思い浮かべる方が多いかと思いますが、城下町の市街部に入れば、これらは道路下の地下に埋設されていました。でも自然流下で水を引けるよう地下に埋設された、円形や矩形の木製管路の中に水面を持つ開水路流れの形となっています。

最後は、圧力がなくくみ上げるしかないわけで、これは井戸の形式を取っています。江戸の水道普及率は50％を超えていたというのが定説ですので、時代劇で見るような井戸は実はほとんどが地下水くみ上げの井戸ではなく、上水（水道）井戸と呼ばれる水道施設の末端施設でした。今ではほとんどなくなった共用水栓（何軒かの共同の蛇口給水栓）の形と同様、共用される形での給水でした。（図表４参照）

(2)　明治以降の近代水道

水道第二世代、近代水道の時代です。日本最初の近代水道は横浜で……という話は、水道関係者であればどこかで聞く話かと思います。もともとこの近代水道は、海外交易の中でもたらされた負の部分、コレラ、赤痢、チフスといった水系伝染病の対策として導入されたもので、当初十水道をみても港湾都市の多さが目立ちます。大都市型の最初が大阪市ということになり、東京も

図表5 近代水道創設十事業

都市名	年	計画給水量	
横浜	明治20	5700㎥/日	パーマーの設計 （1887）
函館	明治22	4090㎥/日	平井晴二郎の設計 日本最古の配水池の組み込み
長崎	明治24	5010㎥/日	公債金公募による初の水道
大阪	明治28	5万1240㎥/日	水道条例認可の初 日本初の大都市型水道
東京	明治31	16万7000㎥/日	玉川上水の活用（淀橋浄水場、水道改良事業と呼称）
広島	明治31	1万2742㎥/日	軍用共用水道
神戸	明治33	2万5000㎥/日	日本初のコンクリートダム布引ダム水源等
岡山	明治38	7800㎥/日	神戸、広島の水道に触発され整備
下関	明治39	5010㎥/日	日清・日露戦争で延期
佐世保	明治40	5560㎥/日	軍用水道の拡張により市内給水

その後です。（図表5参照）またこれらは、主に英国を中心とした欧州の海外技術や海外資材をもって作られましたし、基本設計もバルトン、パーマーといった水道にとっては伝説のような海外技術者が担っていました。注目点は、これも後の人間が考えることですが、末端供給事業完結型というべきもので、水源から給水まで全てを一つの事業で担うものです。日本最初のコンクリートダムが神戸市水道によるものといったことにも象徴されているように思います。

第一世代（木樋水道）と異なり、鉄管を使用することで有圧の水輸送が可能となりました。圧力給水に加え、ろ過や消毒といった衛生管理もあるのが近代水道です。（塩素に限定した消毒の義務化は戦後、水道法以降のことです）英国と違い、水系伝染病対策として始まった日本の水道は、浄水処理が必須要素となっています。英国においては、ろ過処理の有無両者の水道があり、コレラまん延のなか、ろ過処理のある水道の給水区域の罹患率の低さから、ろ過処理の効用が認められ、一般土木・都市施設から衛生施設へ移行した経緯があります。そもそもまだ微生物やウィルスといったものが発見される以前の時期ですので、原因から処理システムを構築するといった時代ではなかったこともあります。疫学と経験・実践の中で水道が形作られた時代でした。

港湾都市や大都市において水道が布設され、普及していき、戦前の段階で3割強の普及率まで進むことになります。

(3)　戦後の三層構造化

戦後になり、戦災復旧から始まり、その後の高度成長期において、人口増と都市化、大都市圏の形成といった社会情勢に対応した結果として、水道は戦後の大拡張時代を迎えることになります。需要の増加に対応し、まず水源の確保ということになるのですが、都市近傍に水源の開発余地はなく、大河川の上流開発と長距離導水を余儀なくされます。結果、それら全てを一つの水道事業で担うことが難しくなり、水資源開発を国、若しくはその代行機関として水資源開発公団(現水資源機構)が、その受け皿としての浄水機能を水道用水供給事業が担うこととなり、従来の水道事業が給水と顧客管理を中心とするような事業を担う機能分担が起こりました。水道事業の三層構造化というべき状況です。

ここでの象徴的なものは、前出の「水道用水供給事業（用水供給、用供）」で、これとの区分の関係で従来の水道事業は「末端供給事業（末端供給、末端）」と呼ばれるようになっています。日本最初の用供事業は、兵庫県の阪神水道企業団になり、これは唯一の戦前生まれの用供で例外的な存在。それ以外の事業はすべて戦後の通水となります。法律的に用水供給事業が明確に区分されたのは水道法以降になったことにも表れています。

この三層構造化については、大都市圏を中心に起こり、都道府県単位でみれば、用水供給事業がない都道府県も10前後（時期により不定）あるため、一概にいえる状況にもありませんが、用供事業がない都道府県においても、多くのところで拡張計画自体はあり、それに伴う水資源開発がなされたという意味では、全国的な動き、現象であったといえると思います。

(4) 都道府県別の事業体制

ここでは、都道府県別の水道事業の体制を、用水供給事業と都道府県営末端供給、一部事務組合（企業団）末端供給に注目しながら見ていきたいと思います。市町村経営原則に従い、各市町村ごとの水道事業で支えられた都道府県は、それはまさに原則で対処できた、ある意味、好環境の都道府県であったといえます。原則にない事業形式を含めた事業体制ということは、何かしらの事業環境に対応し、特殊な体制を余儀なくされたということになります。また、それが、日本の水道の大勢であるというところにも着目したいと思います。現在の体制を認識し、その必然性を理解することが、今後の水道を考える大前提となります。

① **総論**

現在の用水供給事業数は88事業（２０２０年、令和2年度）で、都道府県事業では37と意外なことに半数以下です。末端供給事業の例外的なものとして、都道府県末端が5事業（東京都、千葉県、神奈川県、神奈川県箱根、長野県）、一部事務組合が68事業となっています。

都道府県別にみると、用水供給事業のない都道府県が9都道府県。ここには、都道府県一事業を事実上達成している東京都と香川県が含まれます。都道府県用供の存在する都道府県が22事業です。

整理すると、用水供給事業も含め市町村のみで水道事業を支える都道府県が22、残り25都道府県は、用水供給事業も含め市町村主体のみで構成される都道府県が15で、残りのうち県営末端という形で都道府県が水道事業を実施する千葉県1、全県域一事業となる東京都と香川県2、そして用水供給事業のない原則形態の都道府県が7（秋田県、鳥取県、徳島県、高知県、大分県、宮崎県、鹿児島県）といったことになっています。

個々の都道府県ごとにご紹介します。時点はいずれも令和2年度、給水量は実績値の概数（日平均）です。

都道府県ビジョンの概要（北海道・東北）

	圏域	時期	圏域・広域連携等の概要
北海道	6	H23	○ビジョン下の水道整備基本構想において地域区分 ー道央、道南、道北、十勝、オホーツク、釧路・根室 ○施設面の「統合と分散」、運営面の「様々な形態の広域化」 ー比較的規模の大きい水道事業体を中心とした共同管理・共同委託等
青森県	5	R2	○５圏域：青森、津軽、八戸、上十三（十和田）、下北 ー青森県水道事業広域連携推進会議の検討 ・６会議（津軽に中南、西北の２つを設置） ○広域連携による施設の再構築
岩手県	5	H30	○５圏域：盛岡、県南、沿岸南部、宮古、県北 ○中長期的な水需要を見据えた施設の再構築 ー施設分散・運営管理の共同化により効率化（盛岡） ー会計・料金システムの共同化（宮古）
宮城県	3	H28	○３圏域：東部、大崎、仙南仙塩 ーステップ①業務等の標準化の推進②業務等の共同化の推進③広域化の検討・推進
秋田県	6	R3	○６圏域：北鹿、山本、秋田、由利、仙北、雄平 ○施設の統廃合による経営の効率化、管理の一体化 ー地元水源の活用、料金体系の見直し、１市町村１水道事業、非公営水道の公営化
山形県	4	H30	○４圏域：村山、最上、置賜、庄内 ○料金設定、施設配置等の最適化 ー「広域化は万能薬か？」
福島県	8	R3	○４圏域から８圏域へ：相馬、双葉、いわき、県北、県中、県南、会津、南会津 ○有効率の改善、施設統廃合・規模縮小、委託の共同化、水道標準プラットフォーム等新技術の活用

札幌の水道施設概況

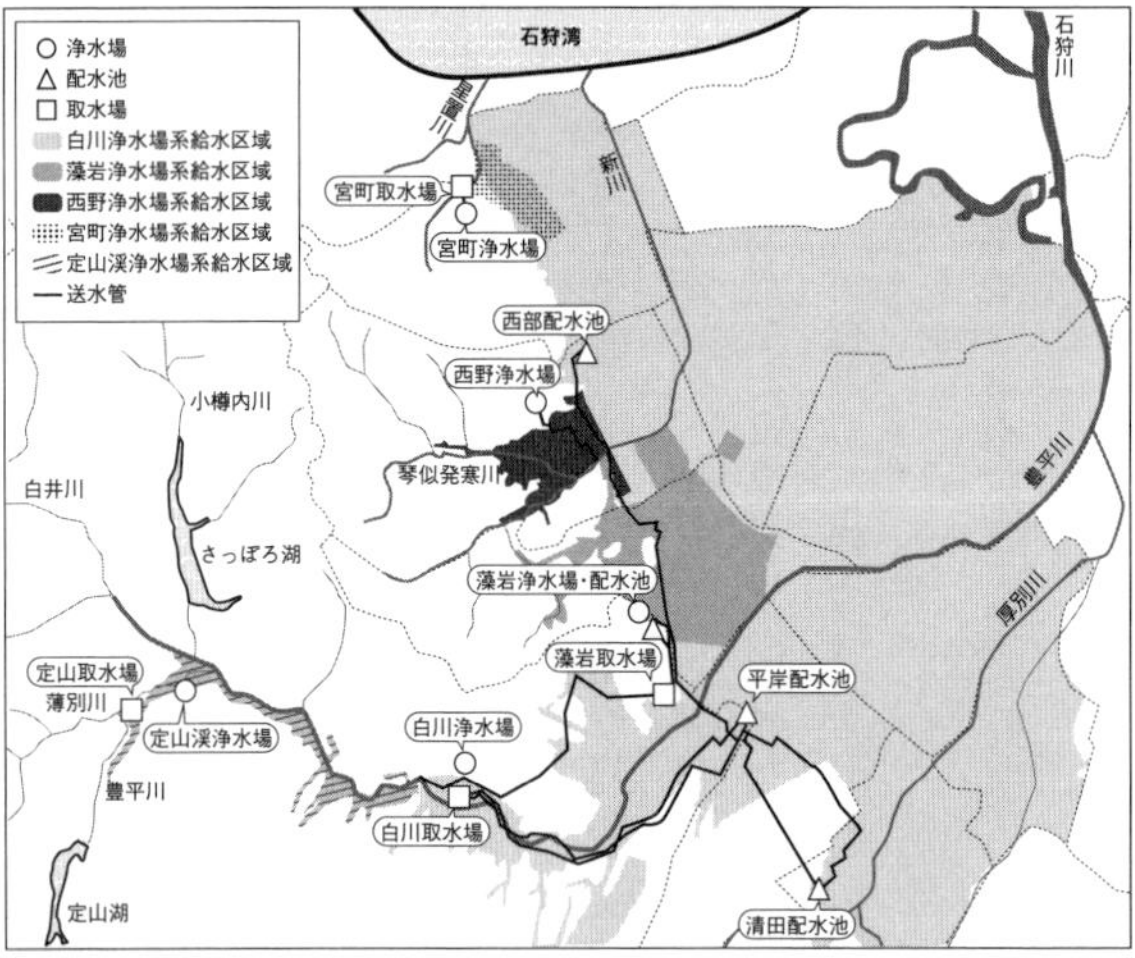

②　北海道・東北

⑴　北海道

北海道の用水供給事業は5事業。石狩東部、西部の2事業は北海道庁も参画する事業で、残り3事業については末端供給事業者が構成する用供事業となっています。

・石狩東部広域水道企業団　江別市、恵庭市等4市1町1企業団を対象とする事業、給水量6万4千㎥／日の規模のものです。

・石狩西部広域水道企業団　札幌市、小樽市、石狩市、当別町の3市1町を対象とする事業です。給水量2万2千㎥／日で、札幌市は受水実績がなく、現状は2市1町への用供事業です。

・桂沢水道企業団　日本で四番目に通水した用水供給事業で、岩見沢市、美唄市、三笠市を対象とする事業、3万1千㎥／日の規模で、岩見沢市については全量受水による事業となっています。

・北空知広域水道企業団　深川市等1市4町を対象とする事業で、給水量9千㎥／日の事業です。

・十勝中部広域水道企業団　帯広市等1市4町2村を対象とする事業で、4万1千㎥／日の事業です。

一部事務組合による末端供給事業が4事業ありますが、2～4市町村を対象とする小規模なものとなっています。

北海道最大の末端供給事業は、日本で五番目、190万人の人口規模となる札幌市（57万8千㎥／日）です。札幌市は河口部で石狩川に合流するものの、ほぼ独立した豊平川を水源とし、この流域全域を市域内に持つのが特徴です。水資源を域内で自給自足する非常に稀な大都市となっています。創設時の浄水場は藻岩浄水場、主力浄水場は白川《しらいかわ》浄水場（65万㎥／日）で、いずれも豊平川左岸にあり、右岸側には平岸・清田の両配水池を配しています。

(2) 青森県

用水供給事業は、津軽広域水道企業団・津軽事業と呼ばれるものの一つで、弘前市等5市3町1村1企業団を対象とする、5万8千㎥／日の事業です。

一部事務組合による末端供給事業は2事業です。一つは、上記の津軽広域が実施する西北事業9千㎥／日（つがる市、五所川原市）で、用供事業から受水しているもの。もう一つは八戸圏域水道企業団で、八戸市等1市6町を対象とする8万4千㎥／日の給水量（県内最大。二番目が青森市で3万㎥／日）の事業です。

(3) 岩手県

用水供給事業は、奥州金ケ崎行政事務組合の1事業で、奥州市、金ケ崎町の1市1町を対象とする、1万1千㎥／日の小規模なもののみです。

一部事務組合による末端供給事業は垂直統合で話題となった岩手中部広域水道企業団で花巻市、北上市等2市2町を対象とする6万6千㎥／日の事業です。

岩手県最大の事業は盛岡市で、8万3千㎥／日の事業です。

宮城県

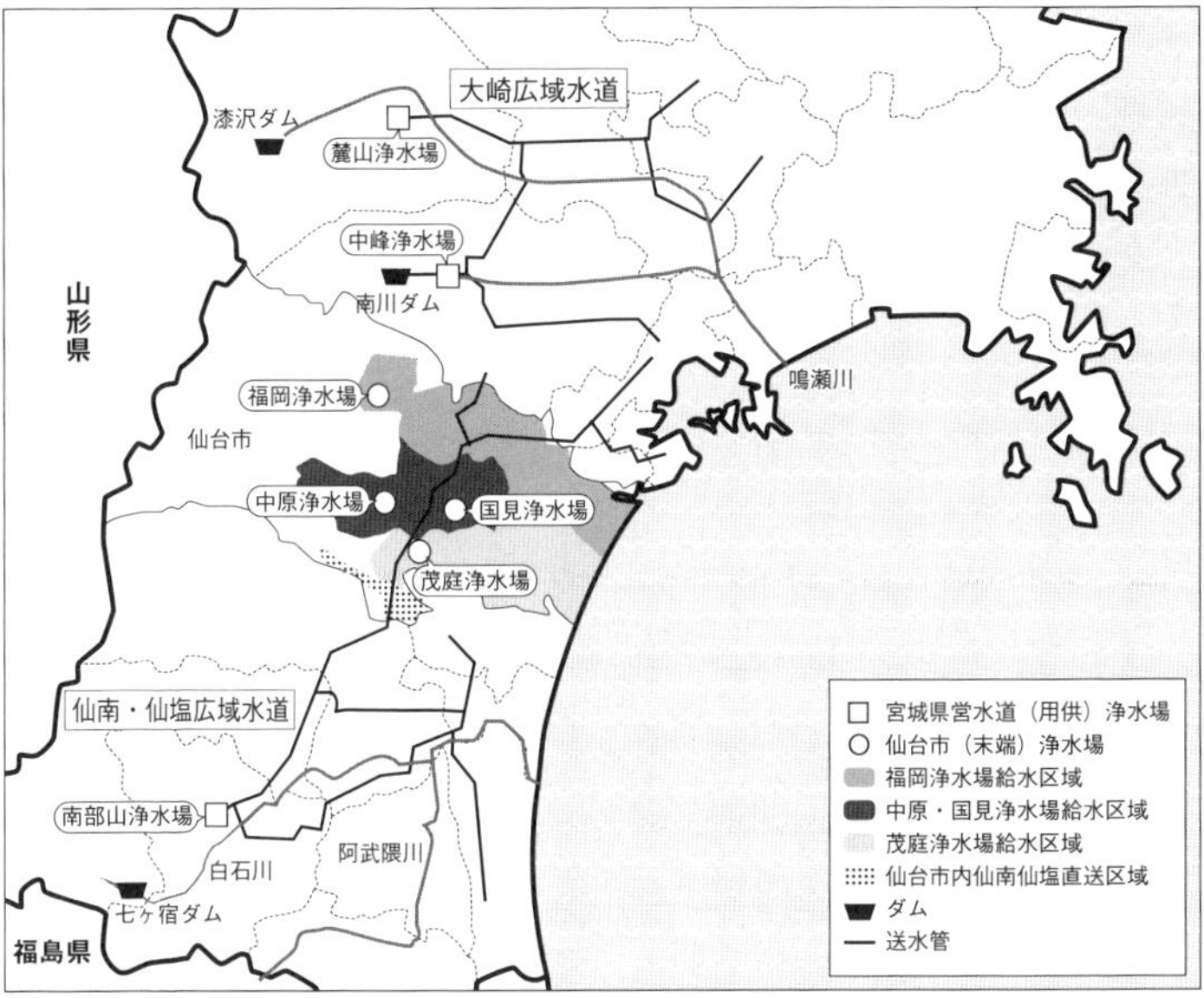

(4) 宮城県

宮城県の用水供給事業は県営の２事業です。阿武隈川を水源とする仙南・仙塩広域水道用水供給事業（18万４千m³／日、仙台市等８市９町）と鳴瀬川を水源とする大崎広域水道用水供給事業（６万３千m³／日、大崎市等３市６町１村）です。この２事業に加え、工業用水道、下水道とともに施設運営権設定型（コンセッション方式）事業を令和４年度より開始させたことで話題となっている事業です。

一部事務組合による末端供給事業は、石巻地方広域水道企業団で、石巻市等２市２町、６万３千m³／日の事業で県内二番目の末端供給事業になります。

宮城県最大の事業は仙台市で、32万１千m³／日の事業で、うち約１／４は仙南・仙塩の県用水供給事業からの受水となっています。

(5) 秋田県

用水供給事業がないのが秋田県です。秋田県最大の事業は秋田市で、9万7千㎥／日の事業です。

(6) 山形県

山形県は、県営4用水供給事業でほぼ全県域を対象とする事業となっています。

・山形県（庄内）　2市1町（鶴岡市、酒田市、庄内町）　6万4千㎥／日
・山形県（村山）　山形市等6市4町1企業団　8万1千㎥／日
・山形県（置賜《おきたま》）　米沢市等2市2町　4万3千㎥／日
・山形県（最上）　新庄市等1市2町　1万5千㎥／日

一部事務組合による末端供給事業は、2事業で2～3市町村を対象とする小規模なものです。

山形県最大の事業は山形市で、7万3千㎥／日の事業になります。

(7) 福島県

用水供給事業は3事業で、全て市町村の一部事務組合によるものです。

・会津若松地方広域市町村圏整備組合　会津若松市等1市2町　1万5千㎥／日

・福島地方水道用水供給企業団　福島市等３市３町　10万７千㎥／日
・白河地方広域市町村圏整備組合　白河市等１市２町３村　２万㎥／日

一部事務組合による末端供給事業は、相馬地方広域水道企業団（１市２町）と双葉地方水道企業団（５町）になります。

福島県内最大の事業は、いわき市（11万３千㎥／日）、次いで、郡山市（10万７千㎥／日）、福島市（８万３千㎥／日、ほぼ全量用水供給受水）、会津若松市（４万１千㎥／日）となっていて、県内４大事業者と言われているようです。

都道府県ビジョンの概要（関東）

	圏域	時期	圏域・広域連携等の概要
栃木県	3	H27	○3圏域：県北、県央、県南 ○健全な事業経営、適切な水道料金の設定、技術力継承、老朽化対策と維持管理、情報発信とコミュニケーションの充実
群馬県	5	R2	○5圏域：県央、西部、吾妻、利根沼田、東部 ○ダウンサイジング・統廃合による効率化、水道ネットワークの再構築、適正な料金設定、給水装置関連の標準化・共通化、システム共同化
埼玉県	2	H23	○2圏域12ブロック：秩父（1ブロック）、埼央（11ブロック） ○水道広域化実施検討部会の設置 ○（秩父広域事務組合の実現）、料金システムの共同化、資材の共同購入
千葉県	8	R1	○8ブロック：京葉、北千葉、君津、印旛、香取、東総、九十九里、南房総 ー県営（末端）と九十九里・南房総（用供）の統合検討 ー同一市の県営（末端）と市（末端）のあり方の検討 ー上記以外の用供・末端の統合・広域連携の検討
神奈川県	2	H28	○2圏域： 共同水源エリア（県内広域、県、横浜、川崎、横須賀、三浦）、個別水源エリア ○適切な資産管理、効率的な維持管理、水道施設更新時の再構築、料金体系の最適化

③ 関東

(8) 茨城県

用水供給事業は県南、県西が統合され県営3事業で、県北部を除き広い範囲を対象としています。

・茨城県（県南西） 県南水道企業団、つくば市等14市4町1村1企業団 29万m³／日
・茨城県（鹿行） 鹿島市等5市 5万8千m³／日
・茨城県（県中央） 大洗町等7市2町1村1企業団 4万m³／日

一部事務組合による末端供給事業は、3市1町の茨城県南水道企業団（茨城県県南西事業からの受水）と2市の湖北水道企業団になります。

茨城県内最大の事業は、水戸市の8万9千m³／日で、次いで茨城県内水道企業団（7万1千m³／日）となります。

(9) 栃木県

用水供給事業は、県営の2事業で、元々県営で末端

供給事業まで行う計画もあったのですが、用水供給事業の形で実施されました。
・栃木県（北那須）　2市　3万1千㎥／日
・栃木県（鬼怒）　2市1町1企業団　3万1千㎥／日
一部事務組合による末端供給事業は、芳賀中部水道企業団（3町）の1事業です。
栃木県内最大の事業は、宇都宮市（16万2千㎥／日）になります。

⑽　群馬県

用水供給事業は、令和元年度県営4事業であったもののうち用供2事業の供給先が群馬東部水道企業団（平成28年度創設）として水平統合、1事業者となり、その群馬東部側から統合の要望もあったことから、県から群馬東部に移管（令和2年度）されました。
・群馬県（県央第一）　高崎市、前橋市等2市1町1村　12万4千㎥／日
・群馬県（県央第二）　伊勢崎市、前橋市等4市1町　5万5千㎥／日
一部事務組合による末端供給事業は、群馬東部水道企業団（太田市等3市5町、17万6千㎥／日）の1事業です。

群馬県内最大の事業は、上述の群馬東部水道企業団で、次いで高崎市（13万5千㎥／日）、前橋市（13万㎥／日）となります。

埼玉県

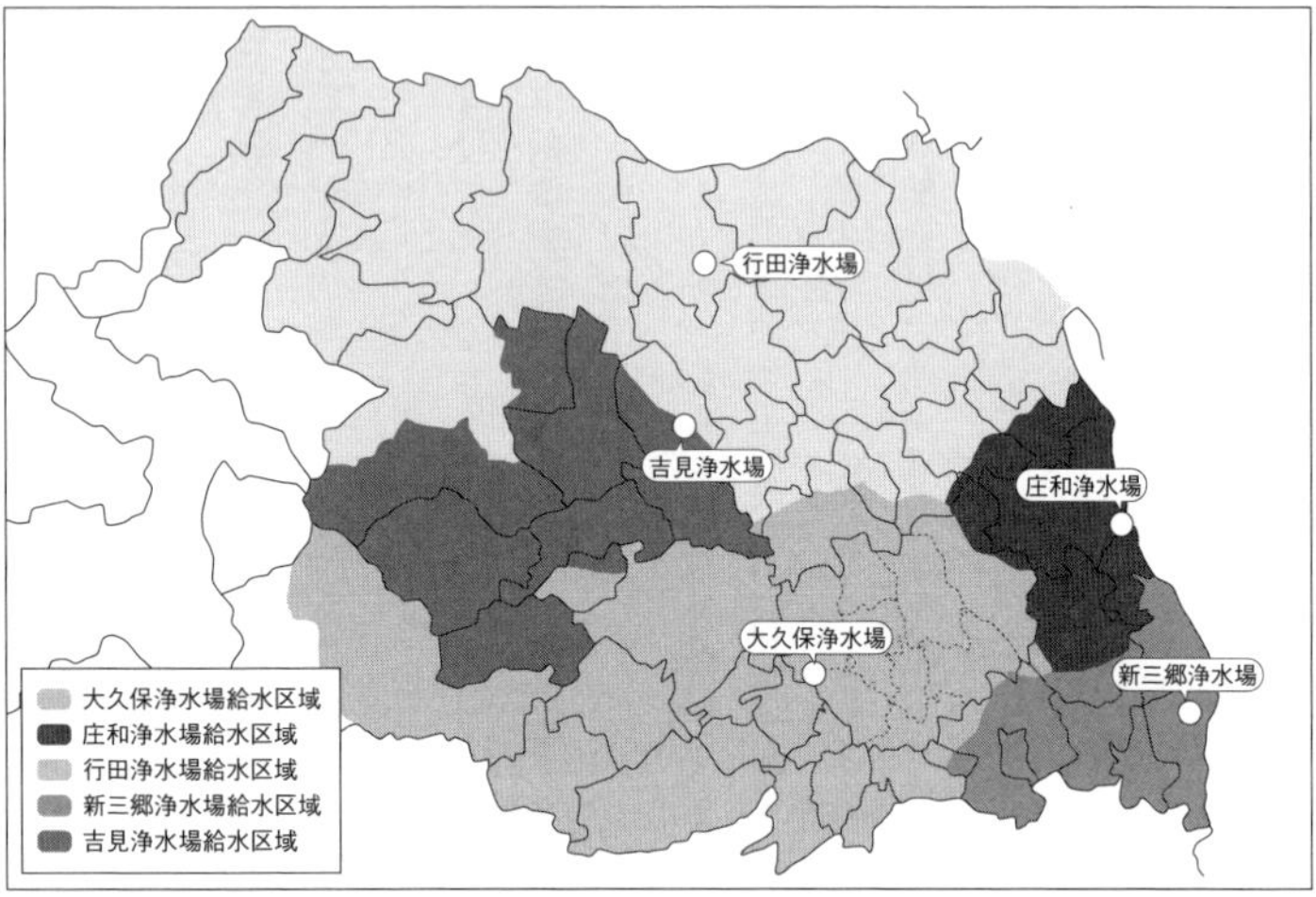

⑾　埼玉県

用水供給事業は、埼玉県営1事業です。埼玉県営の用水供給事業は、元々順次創設されていた3事業が1事業に統合、その後、更に1事業が創設され、最終的にこの2事業が統合されて現在の事業となった経緯があります。結果、現状としては北西部の一部を除き、ほぼ全県域を対象とするもので、全県型用供の典型的な例です。全国最大の用水供給事業であり、用水供給依存度が約75％と沖縄県に次ぐ用水供給依存の都道府県でもあります。

・埼玉県　58市町（55事業者）（茨城県五霞町を含む。）　174万㎥／日

一部事務組合による末端供給事業は、4事業です。

・越谷・松伏水道企業団　2市　10万6千㎥／日
・桶川北本水道企業団　2市　4万3千㎥／日
・坂戸、鶴ヶ島水道企業団　2市　5万4千㎥／日

千葉県営水道の給水区域図

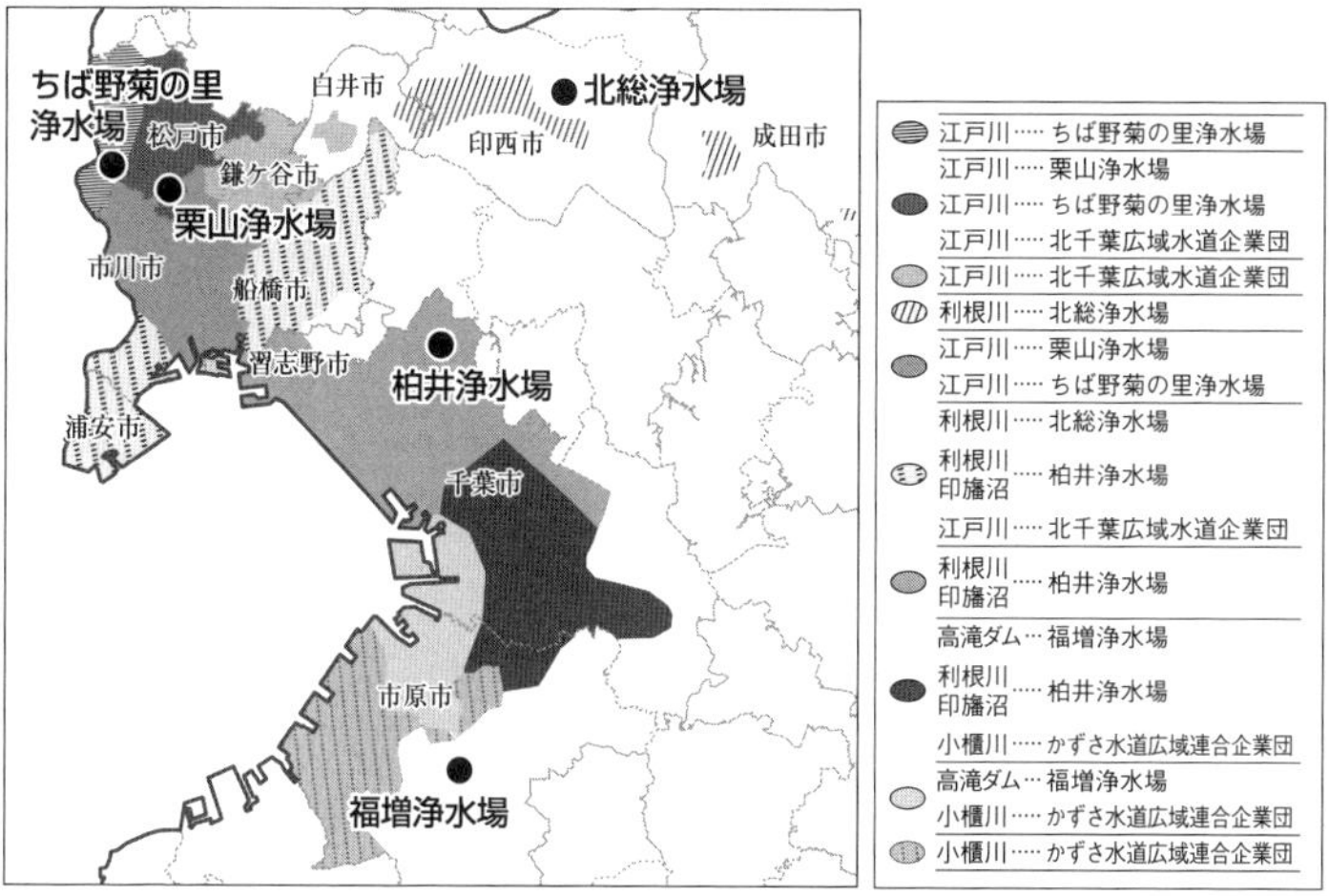

・秩父広域市町村圏組合　秩父市等１市４町
　３万９千㎥／日

埼玉県内最大の事業は、さいたま市で37万３千㎥／日、このうち９割が埼玉県営水道からの受水となります。

⑿ 千葉県

千葉県は、一部事務組合による６用水供給事業がほぼ全県域を対象としている状況です。県が参画する用水供給事業もありますが、それは千葉県が行う末端供給事業として参画するものです。

・九十九里地域水道企業団　２企業団１組合
　10万４千㎥／日

・北千葉広域水道企業団　千葉県７市　44万９千㎥／日

・東総広域水道企業団　銚子市等２市１町　２万６千㎥／日

千葉県

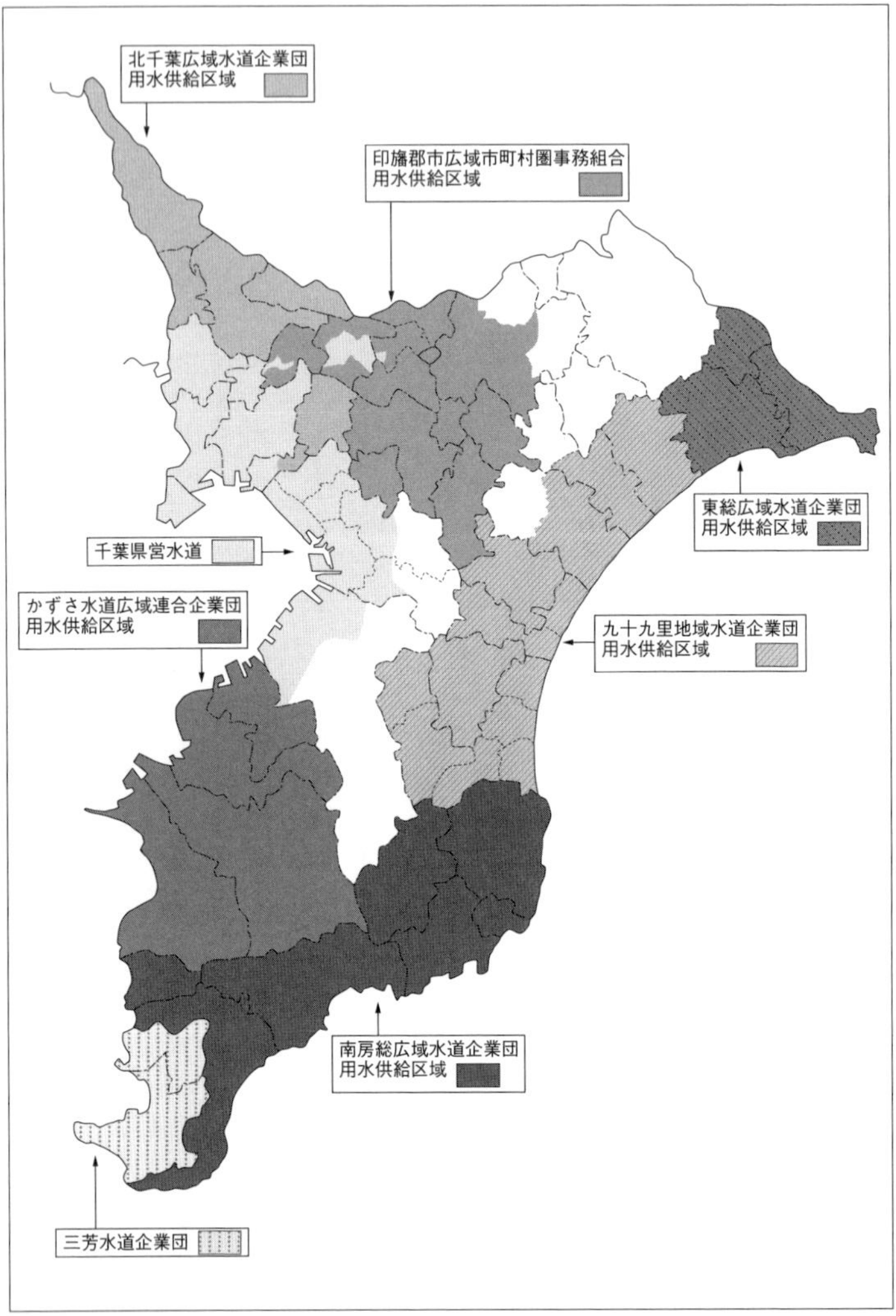

北千葉広域水道企業団
用水供給区域
印旛郡市広域市町村圏事務組合
用水供給区域
東総広域水道企業団
用水供給区域
千葉県営水道
かずさ水道広域連合企業団
用水供給区域
九十九里地域水道企業団
用水供給区域
南房総広域水道企業団
用水供給区域
三芳水道企業団

・印旛郡市広域市町村圏事務組合　佐倉市等7市1町1企業団　5万7千㎥／日
・南房総広域水道企業団　三芳水道企業団等4市3町1企業団　3万2千㎥／日
・かずさ水道広域連合企業団　千葉県1企業団（かずさ水道広域連合企業団）13万7千㎥／日（千葉県水へ5万2千㎥／日、企業団内末端へ8万5千㎥／日）

かずさ水道広域連合企業団は、千葉県を除く君津広域水道企業団（用供）の受水事業者が水平統合してできたもので、千葉県営水道の一部給水区域に用供を行っていたことから、このような複雑な形になっていますが、事実上の垂直統合です。また、水道事業としては最初の例と思われますが、一部事務組合でなく広域連合による水道事業としても注目されたところです。

一部事務組合による末端供給事業は5事業あります。

・長門川水道企業団　1市1町　7千㎥／日
・八匝水道企業団　1市1町　1万1千㎥／日
・山武郡市広域水道企業団　3市2町　5万㎥／日
・長生郡市広域市町村圏組合　2市5町1村　5万3千㎥／日
・三芳水道企業団　2市　2万2千㎥／日

千葉県最大の事業は千葉県営水道で、千葉市等8市の一部と3市（市川市、浦安市、鎌ケ谷市）の全域を給水対象とする給水人口306万人、87万㎥／日の事業です。ちなみに千葉市水道が1万3千㎥／日で、千葉市の大半は千葉県営水道の給水区域です。

千葉県全体をみると、用水供給事業がほぼ全県域を対象とし、一部事務組合等による複数市町村を対象とする広域末端供給があり、更には千葉市を中心とした京葉地域を県営末端供給が実施するという非常に複雑な事業体制となっています。これも水源に乏しい上に、首都圏として人口増と都市化に対応した結果です。

⒀ 東京都

用水供給事業はなく、日本最大の事業であり、都道府県末端事業である東京都水道があります。本土において市町村独自で事業を実施としているのは、武蔵野市、羽村市、昭島市、檜原村の4事業のみです。東京都水道は、もともと東京市水道を創始にします。戦前の戦時体制強化のため、東京府から東京都制へ移行、東京市を解体し東京都が東京市（現在の特別23区区域）という市町村行政も担う行政体となった結果として東京都水道となっています。その後、昭和46年（1971）多摩地区水道事業の都営一元化基本計画策定以来、順次多摩地区の水道事業を統合、現在に至っています。

東京都水道事業は、23区29市町、給水人口1360万人、給水量421万㎥／日、収益34百億円、いろいろな意味で日本の1割を担う水道事業となっています。

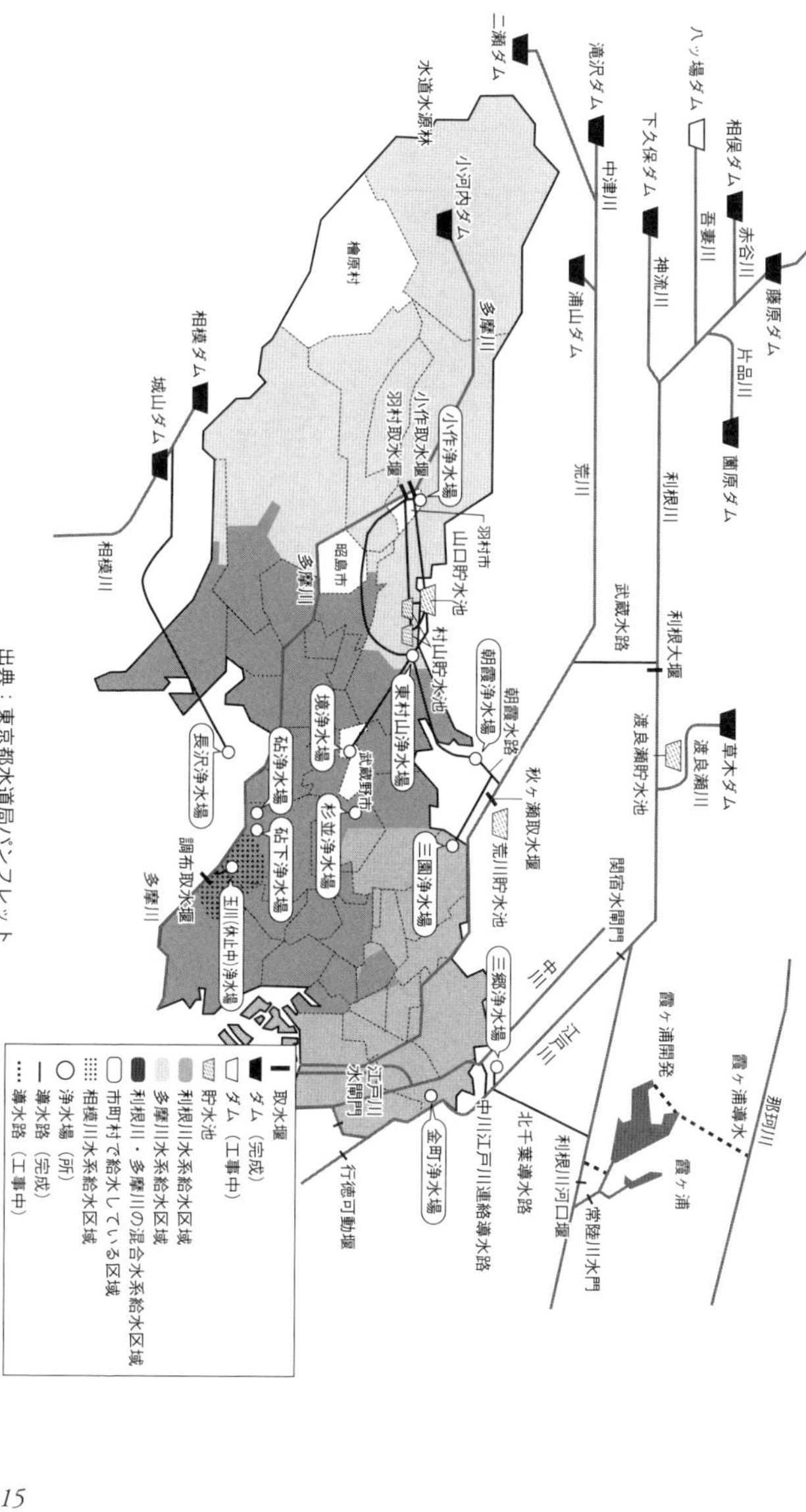

出典：東京都水道局パンフレット

神奈川県

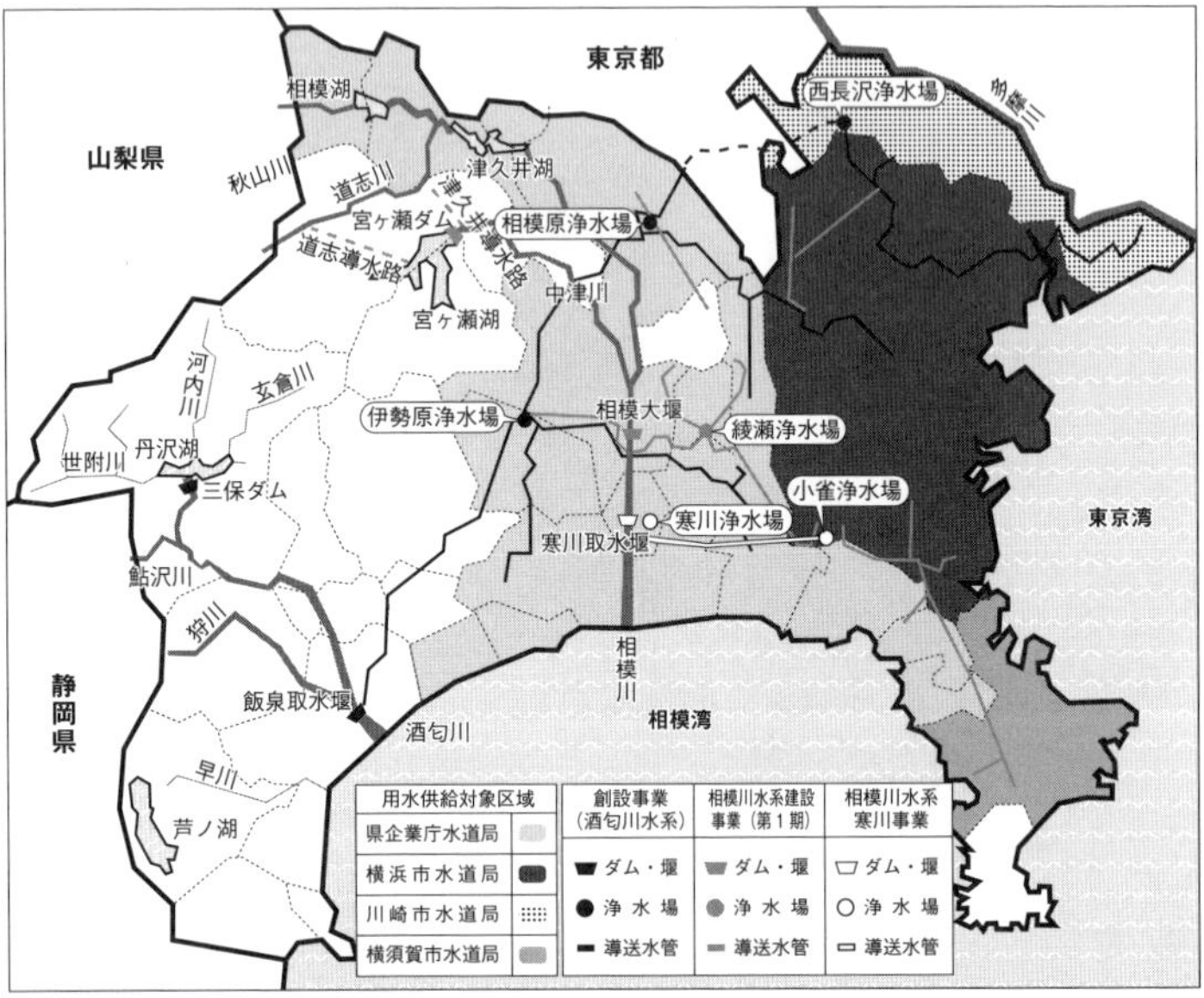

⒁ 神奈川県

用水供給事業は神奈川県内広域水道企業団の1事業です。横浜市、川崎市、横須賀市、神奈川県（末端）を対象（131万㎥／日）にするもので、この末端4事業と用水供給1事業を合わせて5大事業者と言われているようです。

神奈川県内最大の事業は、日本で二番目の規模を誇る横浜市で、給水人口375万人、114万㎥／日の規模の事業です。

神奈川県営水道（末端供給）は、日本で最初にできた都道府県営末端事業で戦前の創始になります。規模としても給水人口（282万人、90万1千㎥／日）と見ると、東京都、横浜市、千葉県に次いで4番目の規模となります。

都道府県ビジョンの概要（中部・近畿）

	圏域	時期	概要
石川県	2	H29	○２圏域：能登北部、加賀・能登北部 ○計画的な更新や広域的な連携、近隣事業者間による広域連携
長野県	9	H29	○９圏域：佐久、上小・長野、諏訪、上伊那、飯伊、木曽、松本、大北、北信 ○水道料金の適正化、給水系統の見直し・ダウンサイジング・最適な水道施設の再構築
滋賀県	1	H31	○全県一圏域 ○滋賀県内水道事業の広域連携に関する協議会の継続
京都府	3	H28	○３圏域：南部（２エリア：京都市、乙訓・山城）、中部、北部 ○業務の共同化、施設の共同設置 －府営水道と受水市町の関係や京都市の組織力をてこに業務・管理の共同化（南部）
大阪府	1	H24	○１圏域・２区域：大阪市、大阪市以外 －府域一水道に向けた更なる広域化の推進 ○施設の統廃合、配置・能力の適正化、施設維持管理の共同化、事業投資の選択と集中
奈良県	1	H31	○２圏域３区域:上水道エリア（県営水道区域、五条・吉野区域）、簡易水道エリア －県域水道一体化を目指す姿と方向性（H29）～新県域水道ビジョン（H31） ⇒水道事業等の統合に関する覚書・基本方針（大和郡山市以外の全県域）
和歌山県	5	R3	○５圏域：紀北、紀中（有田）、紀中（日高）、西牟婁（むろ）、東牟婁 ○施設の共同化、管理の一体化、事業統合を検討

東京都や千葉県のように、都道府県内の中心都市を対象としない形（最大の給水先は政令指定都市の相模原市で、横浜市も川崎市もそれぞれ事業を持ち給水地域としていない）でのこの規模は、他の大規模事業と比較しても非常に特徴的な事業となっています。

④　中部

⒂　新潟県

用水供給事業は３事業で、一部事務組合による２事業と上越市１事業といずれも小規模なものとなります。

・新潟東港地域水道用水供給企業団　新潟市等２市１町１民間　４万１千㎥／日

・三条地域水道用水供給企業団　１市２町　３万㎥／日

・上越市　１市（妙高市）　２千㎥／日

新潟県内最大の事業者は新潟市で、27万５千

㎥／日の規模になります。

⒃　富山県

用水供給事業は、県営2事業と一部事務組合用水供給1事業ですが、県営用供の一つは事業実績がなく、実質的には県営と一部事務組合の2事業となっています。

・富山県（西部）　高岡市等4市　9万4千㎥／日
・砺波広域圏事務組合　2市　2万8千㎥／日

富山県内最大の事業は、富山市で13万7千㎥／日となっています。

⒄　石川県

用水供給事業は、石川県1事業（金沢市等9市5町、14万7千㎥／日）のみです。石川県内最大の事業は金沢市で、規模は14万6千㎥／日で、5割弱が石川県用水供給からの受水となっています。

⒅　福井県

用水供給事業は、福井県2事業です。

・福井県（坂井）　2市　3万8千㎥／日
・福井県（日野川）　越前市等5市　5万1千㎥／日

福井県内最大の事業は、福井市９万４千㎥／日になります。

⒆　山梨県

用水供給事業は一部事務組合２事業です。
・峡北地域広域水道企業団　大月市、上野原市２市　２万１千㎥／日
・峡東地域広域水道企業団　北杜市等６市　１万７千㎥／日
山梨県内最大の事業は甲府市で、昭和町全域など３市町の域外を給水区域とする事業で、８万５千㎥／日になります。

⒇　長野県

用水供給事業は県営１事業、県参画の一部事務組合１事業、市町村一部事務組合２事業となりますが、市町村一部事務組合１事業は実績がなく、実質的には県内３事業となります。
・長野県　松本市等２市１村　８万㎥／日
・長野県上伊那広域水道企業団（県参画）　伊那市等２市１町２村　３万８千㎥／日
・浅麓水道企業団　佐久水道企業団等１市２町１企業団１民間　１万８千㎥／日
一部事務組合による末端供給事業は、佐久水道企業団１事業（２市２町、４万㎥／日）です。

長野県内最大の事業は長野市で、９万１千㎥／日となります。

長野県は、全国で唯一、末端供給と用水供給両事業を実施する都道府県で、更には全国的にも

あまり数のない県参画（出資）の一部事務組合型用供も持つ都道府県です。用水供給事業は上記の通りで、末端供給事業は長野市・上田市の一部、千曲市ほぼ全域、坂城町全域を給水区域とする事業（20万1千人、6万1千m³/日）で、中小事業の創設、拡張を県営水道の形で共同化・広域化した事業（1962年認可）となっています。

⑵1 岐阜県

用水供給事業は、県営1事業です。県営2事業（東濃、加茂）を平成16年度末に統合、岐阜東部上水道用水供給事業としています。

・岐阜県　多治見市、可児市等7市4町　15万2千m³/日

岐阜県内最大の事業は、岐阜市で14万7千m³/日となります。

⑵2 静岡県

用水供給事業は県営3事業と一部事務組合1事業の4事業になります。

・静岡県（榛南）　牧之原市、御前崎市2市　1万5千m³/日

・静岡県（遠州）　浜松市等4市1町　16万7千m³/日

・静岡県（駿豆）　三島市等2市1町　2万9千m³/日

・大井川広域水道企業団　掛川市等7市　10万4千m³/日

一部事務組合による末端供給事業は、大井上水道組合1事業で島田市等3市ですが、3市の一

愛知県

部を給水区域とするもので給水量は7千㎥/日の小規模なものです。

静岡県内最大の事業は、浜松市で24万3千㎥/日、次いで静岡市（23万2千㎥/日）となります。

㉓ 愛知県

用水供給事業は県営1事業（31市7町4企業団等、118万㎥/日）です。元々は、愛知用水、三河東部、三河西部、尾張の4事業であったものを1事業に統合し今に至っています。名古屋市は用供対象としていませんが、北東部以外ほぼ県内全域を対象としている、大都市抜け全県型用水供給の典型例です。
一部事務組合による末端供給事業は4事業になります。
・海部南部水道企業団　1市1町1村　2万7千m³/日
・北名古屋水道企業団　1市1町　3万1千m³/日
・丹羽広域事務組合　2町　1万9千m³/日
・愛知中部水道企業団　4市1町　9万7千m³/日
愛知県内最大の事業は名古屋市で、76万m³/日となります。

㉔ 三重県

用水供給事業は、県営2事業です。
・三重県（北中勢）　津市等6市4町　14万9千m³/日
・三重県（南勢志摩）　松坂市等4市5町　5万8千m³/日
一部事務組合による末端供給事業はありません。

三重県内最大の事業は、津市11万1千m³/日、次いで四日市市11万m³/日です。

⑤ 近畿

㉕ 滋賀県

用水供給事業は、県営1事業（草津市等8市2町、13万3千m³/日）のみです。

一部事務組合による末端供給事業は、２市町村を対象とする2事業のみです。

滋賀県内最大の事業は大津市で、11万1千㎥／日となります。

㉖ 京都府

用水供給事業は、府営1事業（宇治市等7市3町、11万3千㎥／日）のみです。京都府営用水供給事業は、京都市を対象とせず京都市周辺を対象とするもので、大都市抜け用水供給事業の典型ですが、愛知県や後述の大阪府（現：大阪広域）と異なり全県域、全府域を対象とする程広域のものになっておらず、大都市周辺の人口増、需要増に対応したものといえます。

一部事務組合による末端供給事業はありません。

京都府内最大の事業は京都市で、48万3千㎥／日となります。

㉗ 大阪府

令和2年度の時点の用水供給事業は、一部事務組合2事業ですが、令和2年度末に泉北水道企業団が解散し、現在は大阪広域水道企業団1事業となっています。大阪広域は、大阪府営から市町村に移管（平成22年度）され、一部事務組合の形式で現在に至っています。大阪市以外の全府域42市町村（142万㎥／日）に用水供給する大都市抜け用水供給の典型例です。一部事務組合という主体の特徴を活かし、平成29年度に3事業、平成31年度に6事業を加え統合事業数は9事業に、令和3年度に4事業を加え13事業となっています。令和6年度に1事業の統合が予定され

大阪府

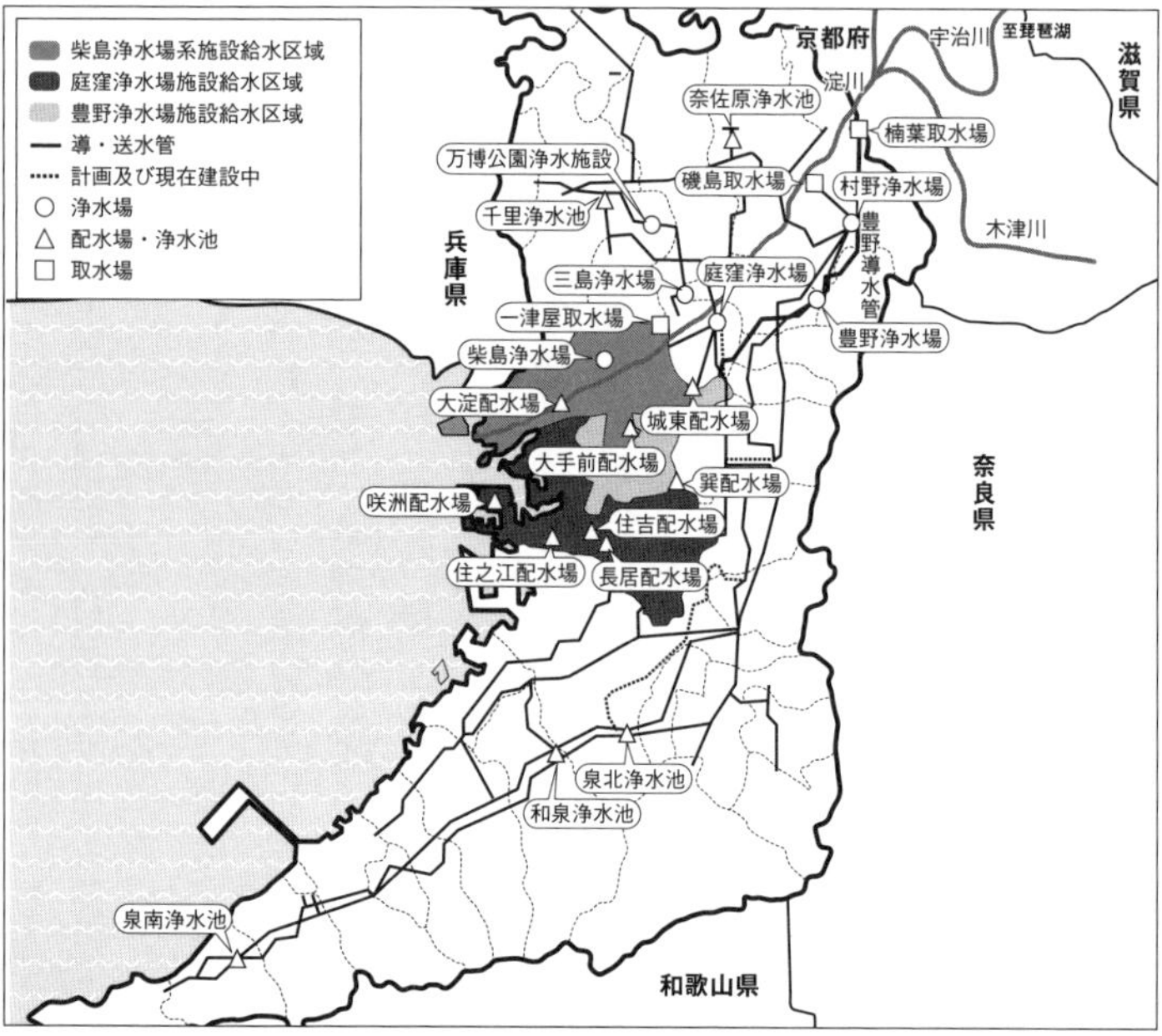
柴島浄水場系施設給水区域
庭窪浄水場施設給水区域
豊野浄水場施設給水区域
導・送水管
計画及び現在建設中
浄水場
配水場・浄水池
取水場
京都府
宇治川
至琵琶湖
滋賀県
淀川
奈佐原浄水池
楠葉取水場
万博公園浄水施設
磯島取水場
村野浄水場
千里浄水池
豊野導水管
木津川
兵庫県
三島浄水場
庭窪浄水場
一津屋取水場
豊野浄水場
柴島浄水場
大淀配水場
城東配水場
大手前配水場
巽配水場
奈良県
咲洲配水場
住吉配水場
住之江配水場
長居配水場
泉北浄水池
和泉浄水池
泉南浄水池
和歌山県

神戸市

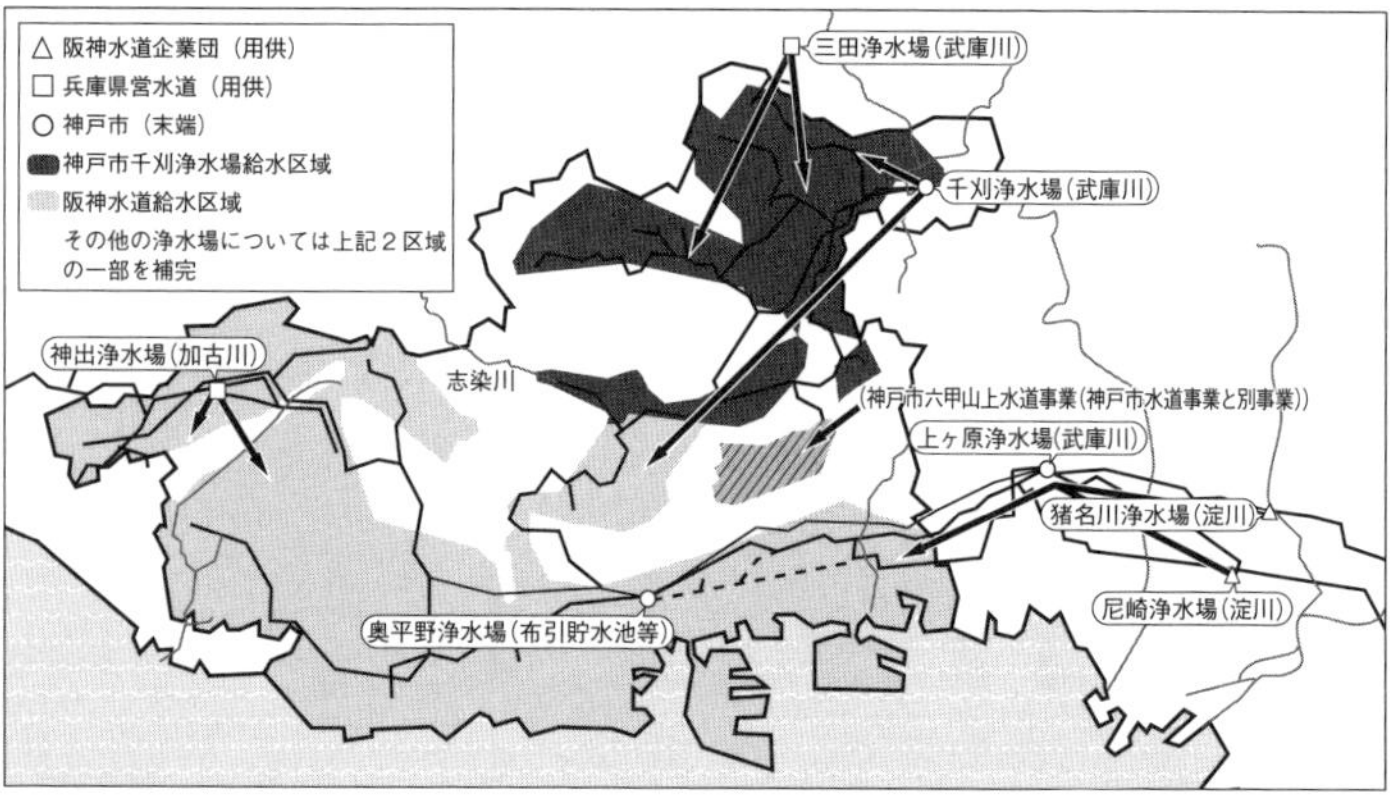
△ 阪神水道企業団（用供）
□ 兵庫県営水道（用供）
○ 神戸市（末端）
神戸市千苅浄水場給水区域
阪神水道給水区域
その他の浄水場については上記２区域の一部を補完
三田浄水場（武庫川）
千苅浄水場（武庫川）
神出浄水場（加古川）
志染川
（神戸市六甲山上水道事業（神戸市水道事業と別事業））
上ヶ原浄水場（武庫川）
猪名川浄水場（淀川）
尼崎浄水場（淀川）
奥平野浄水場（布引貯水池等）

ており、更に統合に向けた協議が10事業と進められています。この垂直統合は、いわゆる経営統合と呼ばれるもので、同一主体が複数の事業認可を持って事業を実施する形式のものです。職員の身分移管がされる形になっていて、後述の香川県広域とは対照的な状況となっています。

一部事務組合による末端供給事業はありません。

大阪府内最大の事業は、全国５番目となる大阪市の１０８万㎥／日となります。

㉘ 兵庫県

用水供給事業は、県営1事業、一部事務組合2事業、町（市川町）1事業の４事業になりますが、一部事務組合1事業は実績がなく実質的には３事業となります。この中で最大の用水供給事業は、日本初の用水供給事業となる阪神水道企業団です。

・阪神水道企業団　神戸市等５市　73万１千㎥／日
・兵庫県　22市町1企業団　29万８千㎥／日
・市川町　加西市　５千㎥／日

一部事務組合による末端供給事業は2事業で、西播磨水道企業団（3市1町、2万2千㎥／日）、播磨高原広域事務組合（1市2町、2千㎥／日）となります。

兵庫県内最大の事業は神戸市で、給水量は50万３千㎥／日で、このうち９割弱が阪神水道企業団からの受水となります。

(29) 奈良県

用水供給事業は県営1事業（奈良市等24市町村、23万2千㎥／日）のみです。一部事務組合による末端供給事業はありません。

奈良県最大の事業は奈良市で、11万9千㎥／日となります。

奈良県においては、全県域の広域連携に向けた検討を進めてきた結果、大和郡山市と奈良市を除き、残り全市町村と県が広域化、事業統合に向けた協定を締結、令和7年度統合を予定して進められています。

(30) 和歌山県

用水供給事業は、上富田町、白浜町の2町が実施する小規模なもののみで、一部事務組合による末端供給事業もありません。

和歌山県内最大の事業は、和歌山市で13万3千㎥／日になります。

都道府県ビジョンの概要（中国・四国）

	圏域	時期	圏域・広域連携等の概要
広島県	3	H23	○３圏域：広島、備後、備北 ⇒広島県水道広域連携協議会（H30） ー広島県における水道広域連携の進め方について（R2） ー広島県における水道事業の統合に関する基本協定、 広島県水道企業団設立準備協議会（統合要望の15市町）（R3）
山口県	3	R2	○３圏域：東部、中部、西部 ○広域連携の検討　ー宇部市・山陽小野田市の事業統合（R4.4）、柳井地域の広域化
徳島県	3	H31	○３圏域：東部、南部、西部 ○施設の共同整備・人材育成、広域管理
香川県	1	H29	○香川県水道広域企業団の設立（H30）による供給基盤の確保 ○水道広域化勉強会（H20）～香川県水道広域化基本計画（H29） ー水源の一体管理、浄水場の統廃合
高知県	6	R2	○６圏域：高知市、安芸、中央東、中央西、須崎、幡多 ○中核事業者（高知市）による管理の一体化、業務支援組織の検討

⑥ 中国

㉛ 鳥取県

用水供給事業がない県の一つです。一部事務組合による末端供給事業もなく、広域事業としては、米子市が境港市、日吉津村の全域に域外給水を行う例があるぐらいです。

鳥取県最大の事業は、鳥取市の６万２千㎥／日、次いで米子市の６万２千㎥／日です。給水量、給水人口とも令和２年度ではわずかに鳥取市が上回ります。

㉜ 島根県

用水供給事業は、県営２事業です。

・島根県（島根県）　松江市等４市１事業団５万５千㎥／日

・島根県（江の川）　江津市、大田市２市　１万１千㎥／日

一部事務組合による末端供給事業は１事業

（斐川宍道水道事業団）ですが、松江市、出雲市の一部を区域とする小規模なもののみです。
島根県内最大の事業は松江市、5万9千㎥／日になります。

⑶3 岡山県

用水供給事業は、県参画の一部事務組合1事業と市町村一部事務組合3事業の計4事業となります。

・岡山県南部水道企業団　倉敷市、玉野市等3市　7万4千㎥／日
・備南水道企業団　倉敷市等1市1町　7万2千㎥／日
・岡山県西南水道企業団　笠岡市等2市1町　2万4千㎥／日
・岡山県広域水道企業団（県参画）　岡山市等16市町　9万7千㎥／日

一部事務組合による末端供給事業はありません。

岡山県内最大の事業は岡山市で、24万2千㎥／日になります。

⑶4 広島県

用水供給事業は、県営3事業です。

・広島県（広島）　東広島市等9市町　11万9千㎥／日
・広島県（広島西部）　廿日市市等3市　5万5千㎥／日
・広島県（沼田川）　尾道市等5市　5万2千㎥／日

広島県

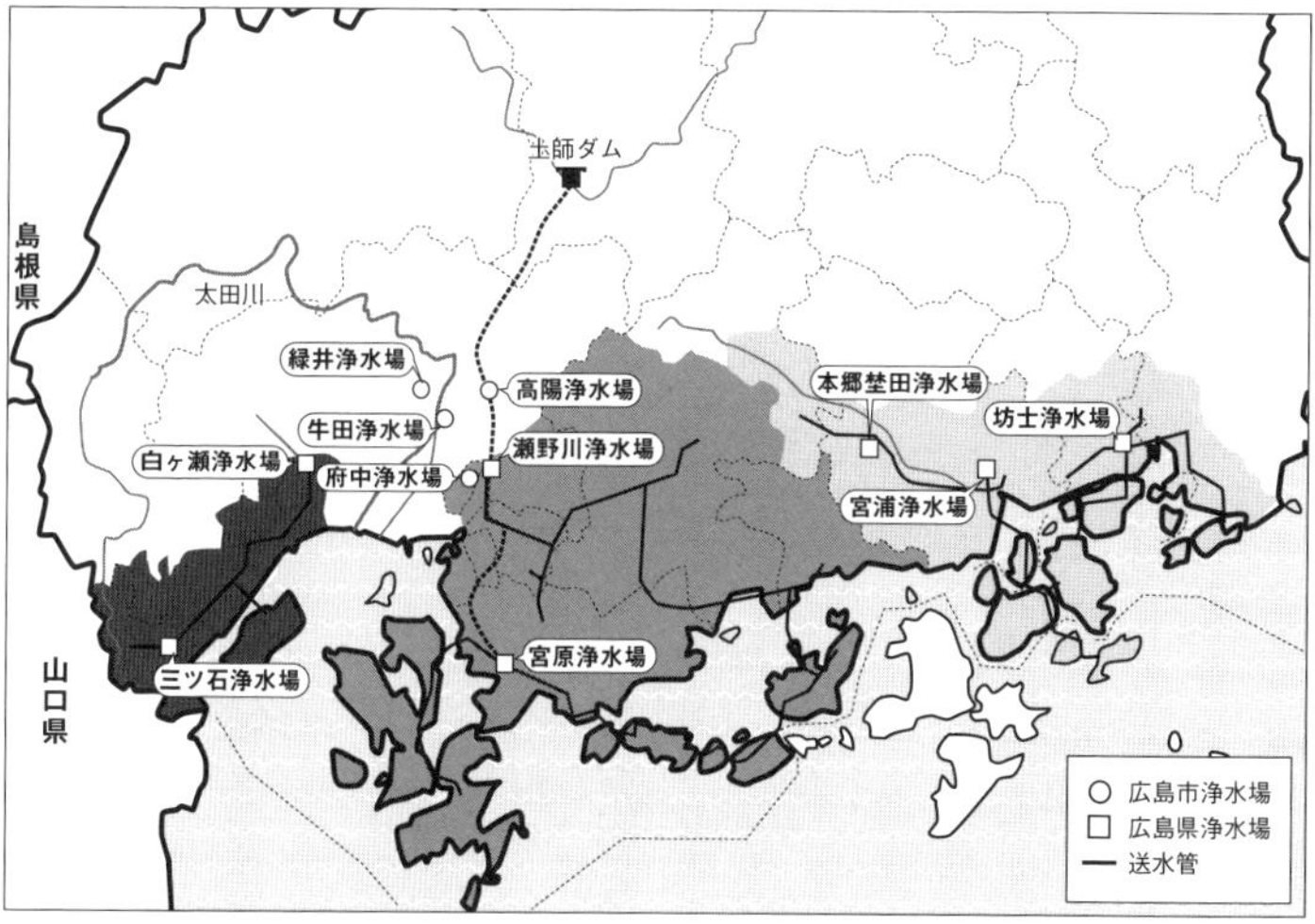

広島県水道広域連合企業団

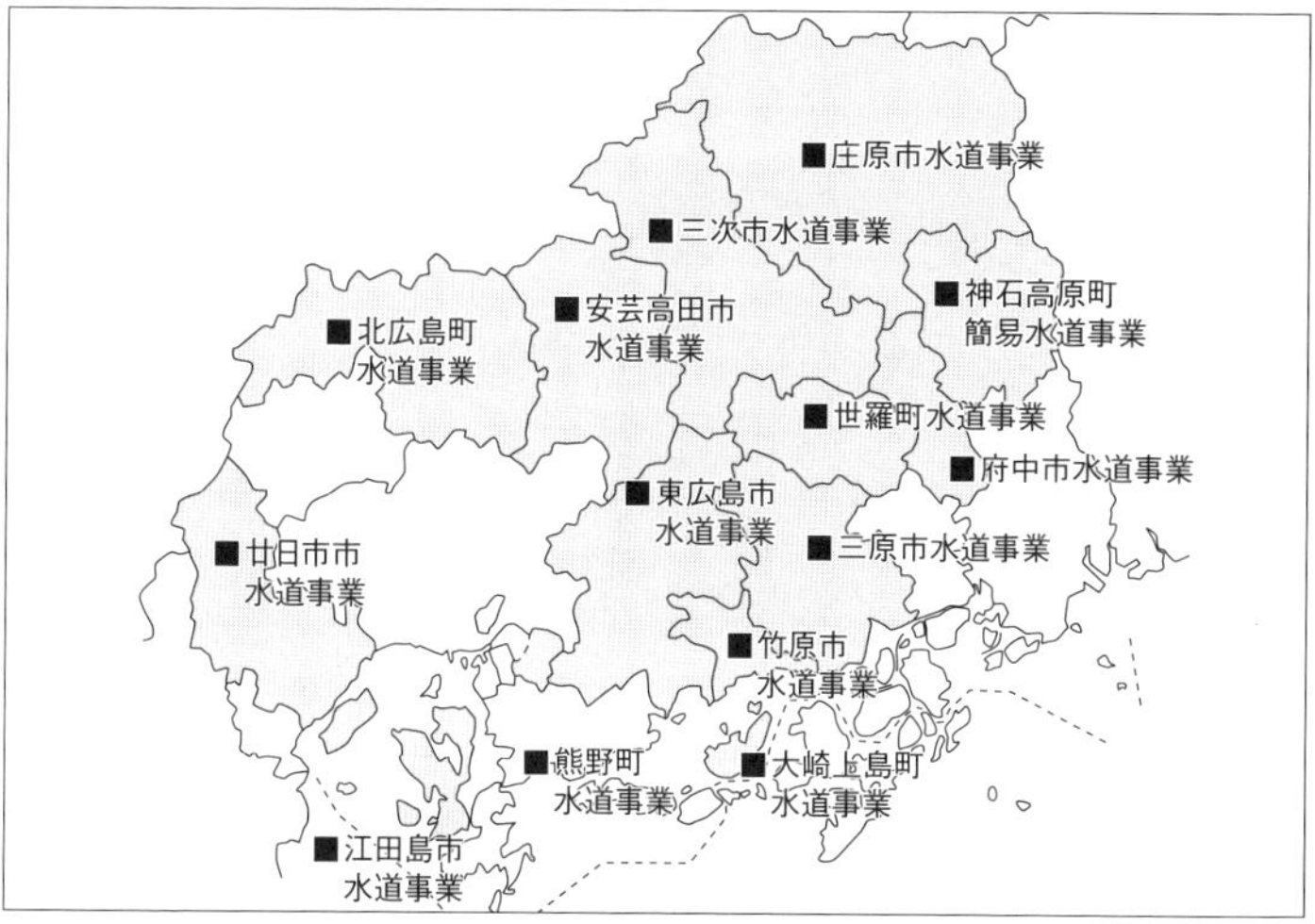

一部事務組合による末端供給事業はありません。

広島県内最大の事業は広島市で、36万7千㎥／日になります。

広島県と市町村が共同で広域連合の形式で『広島県水道広域連合企業団』を設立、令和5年4月より14市町（57万1千人、日最大27万1千㎥／日）の末端供給事業と用水供給事業、工業用水道事業を実施しています。

㉟ 山口県

用水供給事業は、柳井地域広域水道企業団（2市4町、2万㎥／日）1事業のみ、一部事務組合による末端供給事業も田布施・平生水道企業団（2町）の小規模なもの1事業だけです。

山口県内最大の事業は下関市で、8万6千㎥／日、次いで宇部市（5万4千㎥／日）、山口市（5万3千㎥／日）となります。

⑦ 四国

㊱ 徳島県

用水供給事業のない県の一つで、一部事務組合による末端供給事業もありません。

徳島県内最大の事業は徳島市で、8万5千㎥／日となります。

⑶⑺　香川県

香川県と直島町を除く全市町村により一部事務組合の形で香川県広域水道企業団（93万8千人、34万9千㎥／日）が平成30年度に創設され、いわゆる全県一水道を東京都に次いで実現しています。香川県庁と高松市が政治的に協力し検討を進めてきた成果といえます。（直島町は、岡山県からの分水を受ける簡易水道のみの町で、距離的にも生活圏としても岡山との結びつきが強く、香川県広域には参画していません。）

事業認可を一本化した事業統合の形式となっていますが、現状は、料金も元の事業を踏襲、職員の身分移管もされておらず、実質的な事業統合の形を見せるのはこれからというのが実情で、発足から10年、令和10年（２０２８）の料金統合等に向けて内部検討が進められている状況にあります。

⑶⑻　愛媛県

用水供給事業は、一部事務組合による2事業です。

・南予水道企業団　宇和島市等3市1町　1万6千㎥／日

・津島水道企業団　宇和島市等1市1町　5千㎥／日

一部事務組合による末端供給事業はありません。

愛媛県内最大の事業は松山市で、13万8千㎥／日となります。

都道府県ビジョンの概要（九州）

	圏域	時期	圏域・広域連携等の概要
福岡県	4	H31	○4圏域：福岡、北九州、筑後、筑豊 ○施設配置の最適化、広域連携による料金負担の均衡化
佐賀県	3	R2	○3圏域：佐賀東部、佐賀西部、佐賀松浦 ○3広域圏におけるソフト面の連携を進め、県内1水道を最終目標
長崎県	3	H23	○3圏域7ブロック： ー県北、県南（長崎、県央、島原）、離島（五島、壱岐、対馬） ○水道事業の統合の推進、市町村内の料金統一
熊本県	6	H27	○6圏域： ー有明、熊本中央、熊本東部、環不知火海、芦北、球磨 ○水源・地域特性に応じた重点整備
大分県	5	H31	○5圏域：北部、東部、中央、西部、南部 ○圏域連携推進会議の開催 ー資材の共同購入、保守点検、運転監視の共同委託化
宮崎県	3	R2	○3圏域：中部、県北、県西 ○施設規模の適正化、広域連携推進会議の開催、外部委託の拡大
鹿児島県	2	R3	○2圏域：本土圏、離島圏 ー「市町村の水道事業の広域連携に関する検討会」9ブロック ○近隣事業との広域連携・人事交流
沖縄県	3	H24	○3圏域：沖縄本島（3ブロック：北部、中南部、周辺離島）、宮古、八重山 ○最適な水道施設の構築、水道広域化の推進・用供の事業拡大・業務の共同化 ー沖縄県水道広域化ワーキングチーム（H22.9） ー水道広域化施設整備事業（H29）：離島8村の本島同一条件による用供

(39) 高知県

用水供給事業がない県の一つです。一部事務組合による末端供給事業もありません。

高知県内最大の事業は高知市で、10万3千m³/日となります。

⑧ 九州

(40) 福岡県

用水供給事業は、一部事務組合5事業に北九州市1事業です。

・山神水道企業団　筑紫野市等2市1企業団　1万8千m³/日

・福岡県南広域水道企業団　久留米市、柳川市、大牟田市等11市町1企業団　10万4千m³/日

・福岡地区水道企業団　福岡市等12市町2企業団等　24万7千m³/日

・田川広域水道企業団　1市3町　2万3千m³/日

福岡県

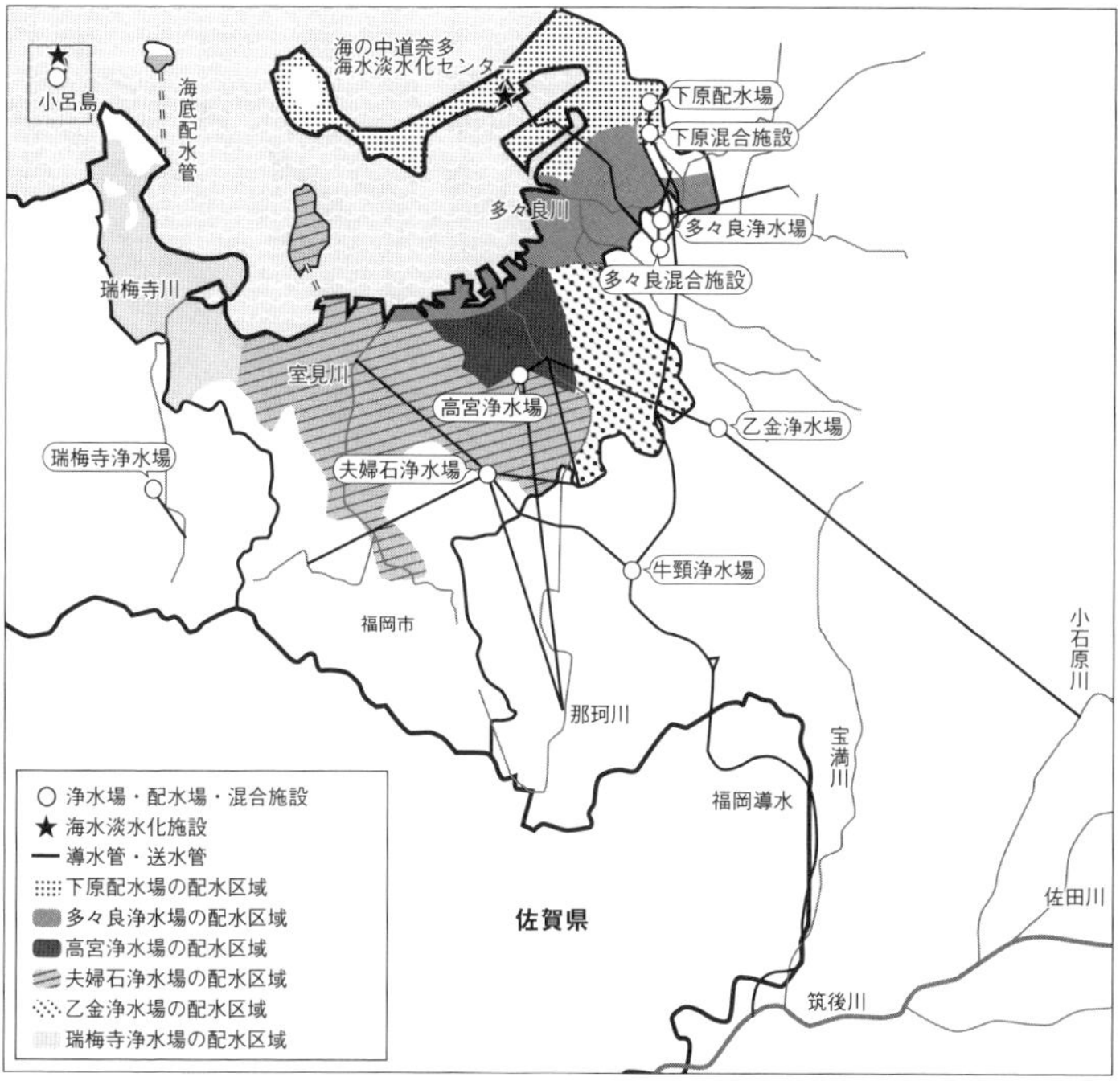

・京築地区水道企業団　豊前市等2市5町　1万6千㎥／日
・北九州市　宗像地区事務組合　1万7千㎥／日

一部事務組合による末端供給事業は4事業、うち1事業は田川広域水道企業団の垂直統合によるものです。

・三井水道企業団　小郡市等2市1町　1万9千㎥／日
・春日那珂川水道企業団　2市　3万8千㎥／日
・宗像地区事務組合　宗像市、福津市2市　3万8千㎥／日
・田川広域水道企業団　1市3町　4事業計3万6千㎥／日

福岡県最大の事業は福岡市で、給水量は41万7千㎥／日で、うち約1／3を福岡地区水道企業団から受水しています。

(41) 佐賀県

用水供給事業は、一部事務組合2事業です。

・佐賀東部水道企業団　佐賀市等1市1企業団（佐賀東部末端事業）　5万5千㎥／日
・佐賀西部広域水道企業団　4市3町1企業団　3万7千㎥／日

佐賀東部水道企業団は、私が知る限り日本初の垂直統合（2市4町）を行った用水供給事業になります。

佐賀西部広域水道企業団は、受水団体と令和2年度に垂直統合していますが、佐賀市の一部区域への用水供給事業が残ったため、用供事業と末端事業両者を実施する経営統合型となっています。（千葉県かずさ水道広域連合企業団と類似）

佐賀県内最大の事業は、末端・用供の合計では佐賀東部水道企業団となり、8万7千㎥／日、次いで、佐賀市で佐賀東部受水分も含め6万2千㎥／日となります。

(42) 長崎県

用水供給事業のない県の一つで、一部事務組合による末端供給事業ともない県です。
長崎県最大の事業は長崎市で11万1千㎥／日、次いで佐世保市7万3千㎥／日となります。

⒀ 熊本県

用水供給事業は、上天草・宇城水道企業団1事業（宇城市等4市、2万㎥/日）のみです。

一部事務組合による末端供給事業は、大津菊陽水道企業団（2町、2万2千㎥/日）、八代生活環境事務組合（3市1町、9千㎥/日）の2事業です。

熊本県最大の事業は熊本市で、21万7千㎥、政令指定都市という大都市でありながら水源を全て地下水でまかなっていることで有名な事業です。

⒁ 大分県

用水供給事業のない県の一つで、一部事務組合による末端供給事業もありません。

大分県内最大の事業は大分市で、14万1千㎥/日となります。

⒂ 宮崎県

用水供給事業のない県の一つで、一部事務組合による末端供給事業も、農林水産省の補助事業で整備された営農飲雑用水施設を共同管理する一ツ瀬川営農飲雑用水広域水道企業団のみです。

宮崎県内最大の事業は宮崎市で、13万2千㎥/日となります。

⒃ 鹿児島県

用水供給事業も一部事務組合による末端供給事業もありません。

鹿児島県最大の事業は鹿児島市で、17万6千㎥／日となります。

㈍ 沖縄県

用水供給事業は県営1事業（30市町村、41万8千㎥／日）です。

一部事務組合による末端供給事業は、南部水道企業団（2町、2万2千㎥／日）1事業のみです。

沖縄県内最大の事業は、給水量はもちろん、職員数においても沖縄県営用水供給事業になります。末端給水事業最大の那覇市（10万1千㎥／日）は全量沖縄県営用水供給事業からの受水となっています。

(5) 広域連携等現在の事業体制の動き

前述の各都道府県体制を踏まえ、今後の広域連携をどのように進めていくのか、その基本認識として都道府県体制の相対化と数値化を試みたいと思います。

実際の行政に携わる中「第四世代の創生」といった長期的な指向・思考だけではあまりに具体性がありません。そのようなものを一歩でも現実に近づけ、具体的な行動となるような短中期的な議論・検討の方向性が当然必要となります。そこで、改めて、水道事業の現在体制を再整理し、出発地点を再認識することが必要と考えました。出発点を47都道府県ごとに再整理・再評価するということが新たな観点になると考えています。

都道府県に今後の広域連携のとりまとめ役を担ってほしいというのが改正水道法の主軸です。では各都道府県は、今後どういう行政環境の中でそれを担うのか、その相対化する方法として、用水供給事業と大規模事業者の有り様に求めました。都道府県単位での用水供給事業の占める浄水量の比率（用水供給依存度）と都道府県下の全職員数に占める最大職員数事業者の職員数の比率（職員集中度）、この二つを縦軸横軸にプロットすると図表6となります。

都道府県内において広域連携を進める先導役を担うには、ある種の大きさ、占有率を持たないと難しいのが現実です。用水供給依存度の大きいところでは、やはり用供主導が自然な形ですし、職員集中度が高ければ、実態上末端供給事業主導の形となるものと思います。

用水供給主導の典型は沖縄県、ここは47都道府県で唯一、最大職員数事業者が用水供給事業（沖縄県）ですので尚更のことです。それに次ぐのが全県型用水供給の典型である埼玉県で用水供給主導の議論が必要でしょう。図上の位置づけは少々違うものの大阪広域水道企業団も用水供給主導の垂直統合を段階的に進めておられます。

大規模末端主導の典型は東京都で、既に１９７０年代から最大事業者であった東京都（当時は23区内のみ）が、いわゆる多摩地区の市町村部の統合を進め広域末端の典型例となっています。これらに次ぐ集中度となっているのが、京都府、広島県や高知県になります。東京都は都道府県の立場というこの図では見えない要因も広域化の推進に大きく寄与しています。また、広島県の当面の形はこの類型の方向性とは異なっていて、全国を見ても唯一の都道府県行政主導の広域化

図表６　都道府県別体制特性2020（用水供給依存度、職員集中度）

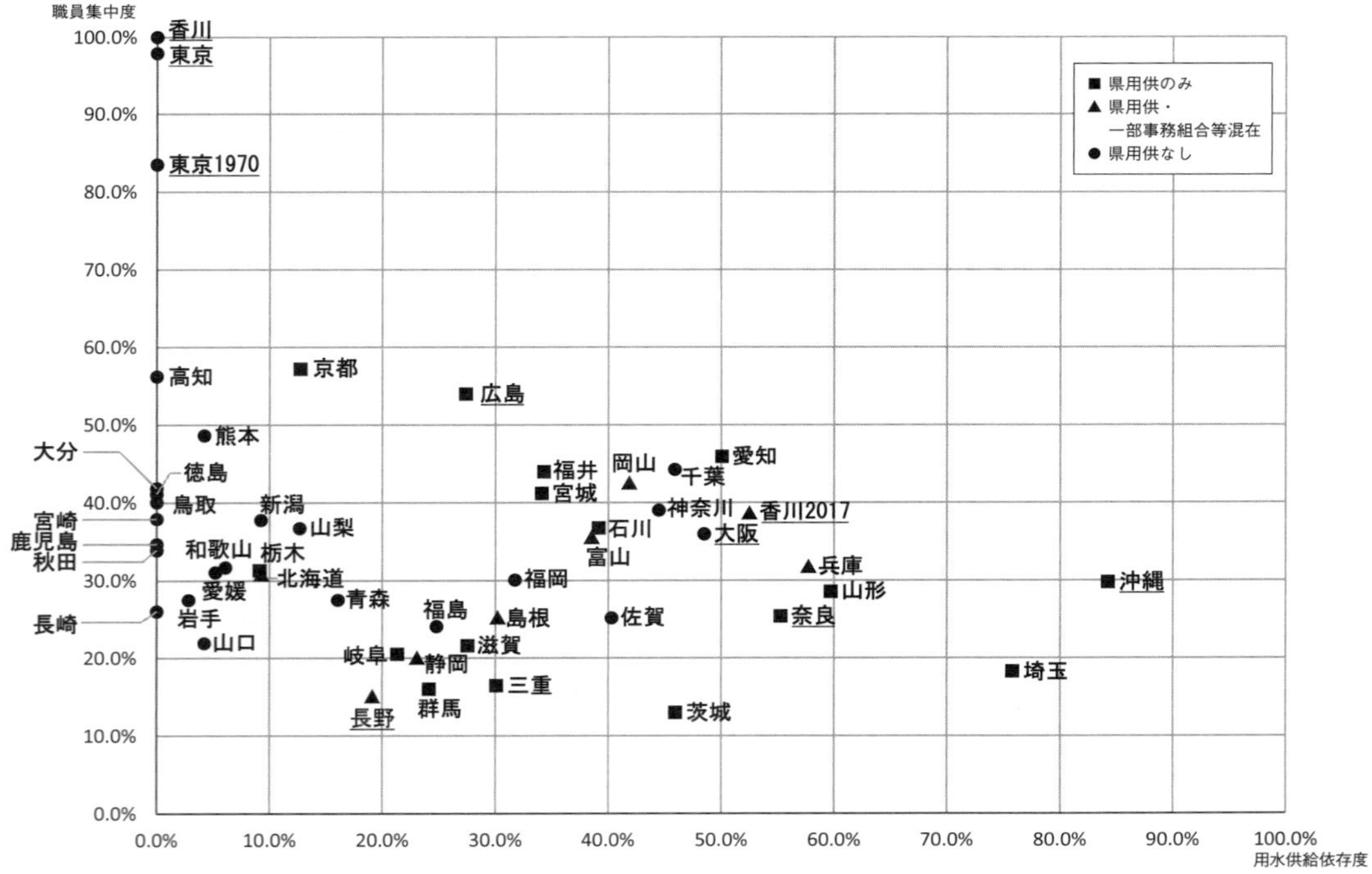

です。新たな事例として市町村末端主導の広域連携の進むところがでてくるか注目しているところです。（都道府県ビジョンの概要参照。特に、京都府、高知県について）

用水供給事業と最大職員数事業者が協力して広域化を果たしたのが香川県広域水道企業団です。奈良県もこの類似状況から広域化に向け大きく動いている県の一つで他にも状況の類似したところは幾つかみられ、香川県の事例はこれらの大きな参考になるものと思います。

こうしてみてくると、

①沖縄県の用水供給事業の全県化、水源・浄水管理の一元化（上流機能の広域化）
②東京都の最大事業者による全県（都）化
③香川県、奈良県の用水供給事業・最大末端事業の協力による広域化
④大阪府の用水供給事業による末端事業取り込みによる広域化
⑤広島県の都道府県行政主導の要望市町村と県の共同事業化による広域化

といった形で整理でき、47都道府県の1割以上が今後の方向性を既に決めています。その方式についても5つの類型が示され、事例としては十分なものとなりつつあると考えています。

ここでご紹介したものは、いわゆる広域化等、広域化・事業統合（一事業化）や経営統合（一主体による複数事業（認可事業）の一括実施）が主体の話になってしまいましたが、広域連携の概念を広げれば、現在の事業単位にメスを入れずとも様々な展開が考えられます。当面、課題になるのは、人口減少に伴い、刻々と余剰を生み出す施設容量問題です。需要が大きく変化すればその支え方も大きく変わる、そのような局面変化の時期を迎えるはず。施設配置と施設容量を一

図表７　水道広域化の経緯（再掲）

戦前	笠之原水道組合	組合・末端	現鹿屋市水道局	1924 ～ 1995*) 給水開始1927
	江戸川上水町村組合	組合・末端	東京都水道局に合併	1926 ～ 1932
	荒玉水道町村組合	組合・末端	東京都水道局に合併	1928 ～ 1932
	埼玉県南水道企業団	組合・末端	現さいたま市	1934 ～ 2001 (H13)
	神奈川県営水道	県営・末端	日本初の県営末端供給事業	1933 ～
	阪神水道企業団	組合・用供	日本初の用水供給事業	1936 ～
	千葉県営水道	県営・末端	日本で２番目の県営末端供給事業	1937（認可）～
戦後～昭和	大阪府営水道	県営・用供	日本初の都道府県営用水供給事業 （現大阪広域水道企業団）	1940着手,1951 （通水）～ 2010
	各所の用水供給事業	用供	岡山県南部水道企業団～	1950 ～
	東京都水道局（1943 ～）	県営・末端	多摩地区への区域拡張	1971**) ～
	佐賀東部水道企業団	組合・垂直	日本初の（一部）垂直統合	1981 ～
	八戸圏域水道企業団	組合・末端	厚生省調査検討に基づく広域化	1986（認可）～
平成	津軽広域水道企業団	組合・垂直	（新規用水供給事業開始に伴い） ５町村末端供給事業を統合	H6 ～
	芳賀中部上水道企業団	組合・垂直	用供と３町末端供給の統合	H15 ～
	中空知広域水道企業団	組合・垂直統合	用供と３市１町末端供給の統合	H18 ～
	北九州市	域外事業 用水供給	芦屋町（H19）、水巻町（H24）の事業統合 用水供給事業の開始	H19 ～ H23 ～
	宗像地区事務組合	組合・垂直	用供と２市末端供給事業の統合	H22 ～
	淡路広域水道企業団	組合・垂直	用供と１市10町の統合（淡路島一水道統合）	H22 ～
	岩手中部水道企業団	組合・垂直	用供と２市１町の垂直統合	H26 ～
	秩父広域市町村圏組合	組合・水平	１市４町の水平統合	H28 ～
	群馬東部水道企業団	組合・水平 組合・垂直	３市５町の水平統合 県営用供２事業と末端企業団の垂直統合	H28 ～ R2 ～
	大阪広域水道企業団	組合化 組合・垂直	府営水道の市町村一部事務組合化 ３市町村の垂直・経営統合、H31：９事業、R3：13事業、R6：14事業	H22 ～ H29 ～
	沖縄県営水道（用水供給）	事業再編	離島８村の取浄送水業務の受入（用水供給事業の拡張・県下一用供化）	H29 ～
	香川県広域水道企業団	組合・県一	県・市町村の一部事務組合に県一水道統合（直島町簡易水道を除く）	H30 ～
	かずさ水道広域連合企業団	広域連合・垂直	用供と３市３町１企業団の垂直・経営統合	H31 ～
	田川広域水道企業団	組合・水平	１市３町の水平統合	H31 ～
令和	佐賀西部広域水道企業団	組合・垂直	１用供3市3町１企業団の垂直統合	R2 ～
	広島県	広域連合	意向市町村と県による事業統合に関する基本協定締結	R5予定
	奈良県	県一	県一水道統合に関する覚書締結（R3.1）	R7予定

*）日本初の企業団水道（水道のあらまし）、笠之原水道組合～笠之原水道企業団、1995鹿屋串良水道企業団（鹿屋町営水道と合併）、2006鹿屋市鹿屋串良地域水道事業（市町村合併）、2014鹿屋市水道事業（１上水、３簡水統合）、2017簡水統合。

**）昭和46年（1971年）多摩地区水道事業の都営一元化基本計画策定

から考え直し、何を残し何をなくすか、施設の統廃合と再配置が当面の大きな課題です。そしてその解決に従来の事業単位による専用施設を念頭に置く必要はなく、共同化・共用化、場合によっては用水供給事業や第三者委託などにより、施設容量の使い方や配分を変更・修正していく方法もあるかと思います。流域や地形、施設間の離散状況などから施設の共用化が難しくとも事業運営方式の標準化による、システム等の共用化は可能で、従来の各事業体単位の事業運営方式から、地域・圏域、場合によって県域で手法を統一とする広域連携も考えたいところです。

現状の都道府県ビジョンの概要を示しました。私が注目するのは圏域の数とその切り方です。同じ都道府県内においても行政分野ごとに圏域の切り方は異なっているところが多くあります。水道事業の広域連携を考える際、どのような線引きがいいのかは熟考が必要です。地勢・地形・流域といった水道施設配置が基本となることもあるでしょうし、生活圏・共同体意識なども料金問題を中心に考えればこれを中心とするのも一つです。また、従来の衛生行政、保健所管轄なども行政の経緯からは考慮せざるを得ないものでしょう。これ以外にもあるかも知れませんが、こういった様々な要素を考え合わせ、関係者が議論のしやすい場を作ることが、最初にして最大の課題と考えます。一度決めたものを固定的に考える必要はありませんが、これらを熟考してぜひとも建設的な議論ができる土台と環境を作っていただきたいと思います。

用水供給依存度や職員集中度を意識して都道府県ビジョンを作った訳ではないでしょうが、末端供給事業の職員集中度が高い京都市や高知市については、既に都道府県ビジョンの中で、圏域、県域において広域連携の中心的役割を期待する記述があります。前述の分析や論旨もあながち間違ってないのではないかと思わされ、多少の自信も持てたところです。都道府県ごとの特性を踏まえて都道府県ビジョンを見ると各都道府県の動向が更に理解しやすいと思います。

２　水道行政の略史

１．行政テーマの変遷

水道事業の第二世代以降、水道行政でみると水道条例制定以降の水道行政の事業目的や基本方針について、その変遷を追ってみます。

(1)　明治期

水道条例（明治23年（１８９０））制定時、明治20年（１８８７）の閣議決定において「水道敷設の目的は、衛生上なかんずく悪疫の流行の予防」としています。コレラ、赤痢、チフスといった外来水系伝染病対策がこの当時喫緊の課題であったことが分かります。今に続く「公衆衛生の向上と生活環境の改善（水道法・法目的）」という水道の目的の始まりでもありました。

(2)　戦後・昭和期

戦後、昭和32年（１９５７）の水道法においては、前述の法目的を「清浄にして豊富、低廉な水の供給」により達成するものとしており、水道事業を含めた水道の持つべき要件がここに挙げられています。

この後、日本の高度成長期を背景に、また、水道普及率が7割を超えて以降、広域化や経営方式、費用負担などについて議論が行われ、その基本方針が示されることとなりました。具体的には、昭和41年（1966）の「水道の広域化方策と水道の経営、特に経営方針に関する答申（公害審議会）」、昭和46年（1971）の「水道の未来像とそのアプローチ方策に関する答申（生活環境審議会）」が出され、均衡のとれた負担と同質のサービスを目指すナショナルミニマムといったものや水道広域圏などといった概念が提示されました。そしてそれらが、水道法の昭和52年改正につながります。法目的に「水道の計画的整備」と関係者の責務が追加され、広域的水道整備計画が新設される一方で、住民への直接サービスを担う市町村による経営の原則（市町村経営原則）が明文化されています。

昭和53年（1978）には水道普及率が90％を超える状況を踏まえ、昭和59年（1984）に「高普及時代を迎えた水道行政の今後の方策について（生活環境審議会答申）」が出されました。ここに至って生活用水確保唯一の手段に至った水道との位置づけの変化、そのことに対する認識が示され、水源水質悪化に対応して安心して飲用できる水、さらにはおいしい水の供給までもが言及され、加えて料金格差是正の必要性を示す内容となっています。

(3) 平成期

平成2年（1990）の「水道の質的向上（生活環境審議会答申）」においては、普及率向上による国民皆水道の達成、老朽化・地震・渇水対応による安定性の確保、高度処理の推進等による安全・安心な水道の実現などが方針として示されています。おいしい水の実現に向けた具体方策が示されるとともに、今に至る耐震化の議論がここに始まっていると言えます。

その後、20世紀が終わり21世紀を迎えるに至り、まさにこれを題名とした平成12年（2000）「二十一世紀における水道および水道行政のあり方（生活環境審議会答申）」がまとめられ、新たに地域と住民主導の水道への転換が示されました。ナショナルミニマムからシビルミニマムへ、水道事業者と需要者・関係者のパートナーシップ、新たな広域化として、事業統合に加え管理体制面からの一体化を実現する経営形態の多様化や第三者活用による基盤強化などがその具体的内容として示されています。この後、この内容を踏まえた形で、平成13年水道法改正がなされ、第三者委託、情報提供規定の新設などがなされています。また、後の平成30年水道法改正のキーワードとなる「基盤強化」という言葉がはじめて用いられていました。

平成16年には、長期的な水道のビジョンを示す「水道ビジョン」が策定され、「安心、安定、持続と環境、国際」をキーワードに「安心、快適な給水の確保」、「災害対策等の充実」、「水道の運営基盤強化、技術継承、需要者ニーズ対応」、「環境、エネルギー対策の強化」、「国際協力等を通じた水道分野の国際貢献」が盛り込まれました。

図表8　水道事業の基本理念、その変遷

明治期	衛生　悪疫の流行の予防	水道布設の目的は衛生上なかんずく悪疫の流行の予防（明治20年閣議、明治23年水道条例）
戦後	清浄、豊富、低廉	清浄にして豊富、低廉な水の供給（昭和32年水道法）
高度成長期	ナショナルミニマム、水道広域圏	【水道の未来像】（昭和48年審議会答申） ・ナショナルミニマム（均衡のとれた負担と同質のサービス） ・水道広域圏の実現
昭和末期	ライフライン、安心、おいしい水、料金格差	【高普及時代を迎えた水道行政】（昭和59年審議会答申） ・ライフラインの確保（生活用水確保唯一の手段） ・安心して飲用できる水の供給 ・おいしい水の供給 ・料金格差の是正
平成初期	国民皆水道、安定、安全	【水道の質的向上：高水準の水道の構築】（平成２年審議会答申） ・国民皆水道（普及率向上） ・安定性の高い水道（レベルアップで高いサービス、強くて地震、渇水に負けない） ・安全な水道（信頼できる安全でおいしい、ゆとりのある安定）
平成10年代	シビルミニマム、新たな広域化、第三者委託、パートナーシップ	【二一世紀における水道】（平成11年検討会、平成12年審議会とりまとめ） ・ナショナルミニマムからシビルミニマムへ（地域住民の決定） ・経営形態の多様化（広域化・管理の一体化、第三者の活用による基盤強化） ・需用者・関係者とのパートナーシップ （水道法平成13年改正へ）
平成16年	安心、安定、持続、環境、国際	【水道ビジョン】 ・安心、快適な給水の確保 ・災害対策等の充実 ・水道の運営基盤強化、技術継承、需用者ニーズ対応 ・環境、エネルギー対策の強化 ・国際協力等に通じた水道分野の国際貢献
平成24年	安全・強靭・持続連携と挑戦	【新水道ビジョン】地域とともに、信頼を未来につなぐ日本の水道
平成30年	基盤強化	【水道法改正】人口減少に伴う水の需要の減少、水道施設の老朽化等への対応

更には、東日本大震災（平成23年（２０１１））が契機となり、水道ビジョンを改定する形で「新水道ビジョン」が策定され、「地域とともに、信頼を未来につなぐ日本の水道」をキャッチフレーズに、「安全・強靭・持続を連携と挑戦によって実現する」ことが盛り込まれました。

水道ビジョン、新水道ビジョンを踏まえ、平成28年（２０１６）には「国民生活を支える水道事業の基盤強化に向けて講ずべき施策について（厚生科学審議会生活環境水道部会水道事業の維持・向上に関する専門委員会報告）」がまとめられ、平成30年水道法改正において、法目的に「保護育成」に代わり、それらを含め施設面・人材面・財政面といった広く事業経営の土台を確保するという意味で「基盤強化」が盛り込まれました。加えて、関係者の責務規定の整備、広域的水道整備計画に代わる水道基盤強化計画など都道府県主導による広域連携の推進などが規定されています。

2. 国庫補助制度の経緯

国庫補助事業の対象や補助率など細かい点は省き、現在に至る補助制度の経緯のみを簡略に示します。

明治期の国庫補助事業をみると、下記の事業に対して個別対応の補助を実施していました。初の近代水道である横浜の場合、開港場の特殊性ということから全額国庫支弁と記録されていて、補助というより、国直轄事業で施工を神奈川県、施設移管により横浜市が事業実施といった形をとっています。その後は、三府五港（東京・大阪・京都、函館・横浜・新潟・神戸・長崎）に限定した個所付けの補助がなされ、函館水道 明治21年（１８８８）がその最初になります。明治33年（１９００）度以降、大都市が重要都市として大幅に補助対象が拡大されています。

昭和に入り戦時体制の中、昭和９年（１９３４）には水道布設に対する国庫補助が打ち切られ、初年度のみの定額補助などが行われていたとの記録がありますが、真偽・詳細は不明です。事実上、昭和41年（１９６６）まで上水道事業への国庫補助はない状況で、基本的に起債（地方債）による整備が行われていた時期です。

一方、簡易水道については昭和21年（１９４６）の南海大地震による井戸枯れ対応として簡易水道の補助（昭和25年度創設）がなされ、これが昭和27年（１９５２）度創設の簡易水道事業に対する国庫補助につながることとなります。国庫補助は、水道普及率向上、地方の公衆衛生の確保という意味で簡易水道事業に限定され、現在に至る「上水道事業は原則自己対応、簡易水道事業は国庫補助」という形ができあがることになりました。

このような状況の中、上水道事業においては、都市化と人口増により、新規の水源開発等を余儀なくされるという従来とは異なる新たな事業環境にさらされ、巨額な先行投資を水道事業者の責任のみで対応させるのは不合理という意見が強まり、その結果として水道水源開発施設の整備に関する国庫補助という形で、上水道事業に対する国庫補助が復活することとなりました。

この上水道事業国庫補助のあり方として、通常の事業で求められるもの以上の対応を対象とするとの整理がなされ、通常の事業では考えられない近傍水源確保以上の水源開発施設整備や国が政策誘導する広域化関連事業に限定して国庫補助がなされることとなっています。

その後の国庫補助制度の拡充も、排水処理施設（環境関連法制度の変更）や、共同水質検査施設（水質管理の高度化制度変更、広域化への政策誘導）高度処理（水道事業者が被害者となる水源水質悪化対応）、鉛管等の更新（従来認めていたものの法制度の変更）など、通常事業や従来事業運営で求められないもの、追加費用負担的なものに対するものとして大勢整理できるかと思います。

その他の大きな変更としては、国庫補助事業への非公共補助金（交付金）の導入（平成26年度）があります。従来、国庫補助事業への補助は、建設国債を原資とした公共事業費のみによるものでしたが、平成26年度補正予算より、公共事業費だけでなく非公共予算による交付金制度を保健衛生施設等とともに導入され、耐震化や広域化、ＩｏＴ対応のモデル事業の計画策定や人材育成等のソフト事業も対象となっています。

第3章

水道事業の各論

1．国と地方の行財政

水道事業に対する国庫補助等の予算は、公共事業費等の一部として国の一般会計予算として計上されています。公共事業費が削減され、水道の国庫補助予算額もピーク時の半分以下となっていますが、なぜそのような状況になっているのかを知るには、一般会計予算そのものから見ていく必要があります。このため、ここでは、国の財政状況と国と地方の関係や制度を概説します。地方の特別会計で経営される水道事業にとっては、地方交付税制度など直接的になじみの薄いものも含まれますが、地方公共団体そのものがどのような制度の下に、どのような状況にあるのかというのも、水道事業を取り巻く環境として知っておいていいものかと思います。

「水道事業は、地方公営企業の事業会計」であって、一般会計予算とは異なるものです。水道業界にいると事業会計には慣れ親しみますが、地方公共団体として一般的な一般会計予算について、逆に知る機会に乏しい印象があります。一般会計を知ることにより、企業会計や特別会計がよりわかりやすくもなりますし、ここでは、国と地方の行財政、その概況についてまとめておこうと思います。

(1) 国の財政状況

令和に入り、国の一般会計予算は当初予算額で百兆円を突破、一時期ほどではないものの、そのうち３～４割は公債（借金）に依存する状況となっています。税収とまとめてしまっていますが、その主要三税と呼ばれる、所得税、法人税、消費税のうち、令和二年度決算では、初めて消費税の税収が所得税の税収を上回っています。令和三年度決算では、消費税23兆９千億円、所得税21兆４千億円、法人税13兆６千億円で、企業優遇との評価も分からぬでもありません。歳出側を見ますと、高齢化社会を反映し、社会保障費が歳出の１／３ほどを占めるところまできています。ちなみに、公共事業費は、平成９年度頃当初予算額で10兆円近く（９・７兆円）、平成十年度には補正を含め14・９兆円（当初９・０兆円）あったものが、平成24年度に５兆円を下回り（当初予算４・６兆円）半減、近年災害の多発などもあって６兆円超のところまで戻ってきています。

国債の残高は、令和五年度末で１０６８兆円にのぼると見込まれ、国・地方を合わせると１２８０兆円とされ、対ＧＤＰ比２２４％となる計算になります。

国の財政事情については、様々な評価がありますが、公債依存であることは確かです。

最後に国と地方（一般政府）の財源と歳出状況をご紹介します。国と地方の税財源配分は令和三年度決算で、国、地方合わせた租税総額は１１４・３兆円で、国税63％・地方税37％となっており、地方交付税等の財政移転により、国44％、地方56％の歳入比となっています。

図表１　国の一般会計予算（当初）の推移

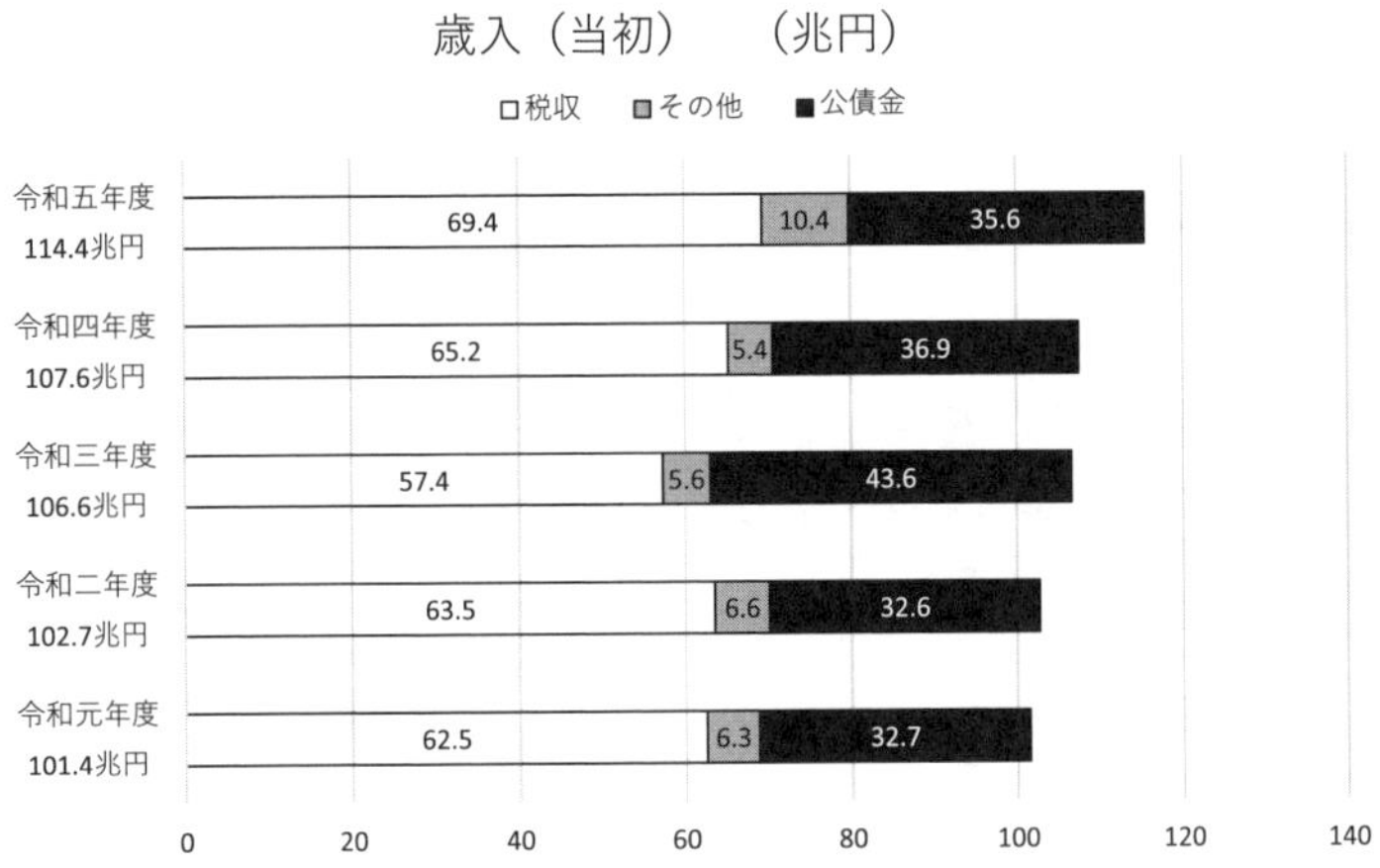
歳入（当初）　（兆円）
□税収　■その他　■公債金
令和五年度 114.4兆円
69.4
10.4
35.6
令和四年度 107.6兆円
65.2
5.4
36.9
令和三年度 106.6兆円
57.4
5.6
43.6
令和二年度 102.7兆円
63.5
6.6
32.6
令和元年度 101.4兆円
62.5
6.3
32.7
0
20
40
60
80
100
120
140

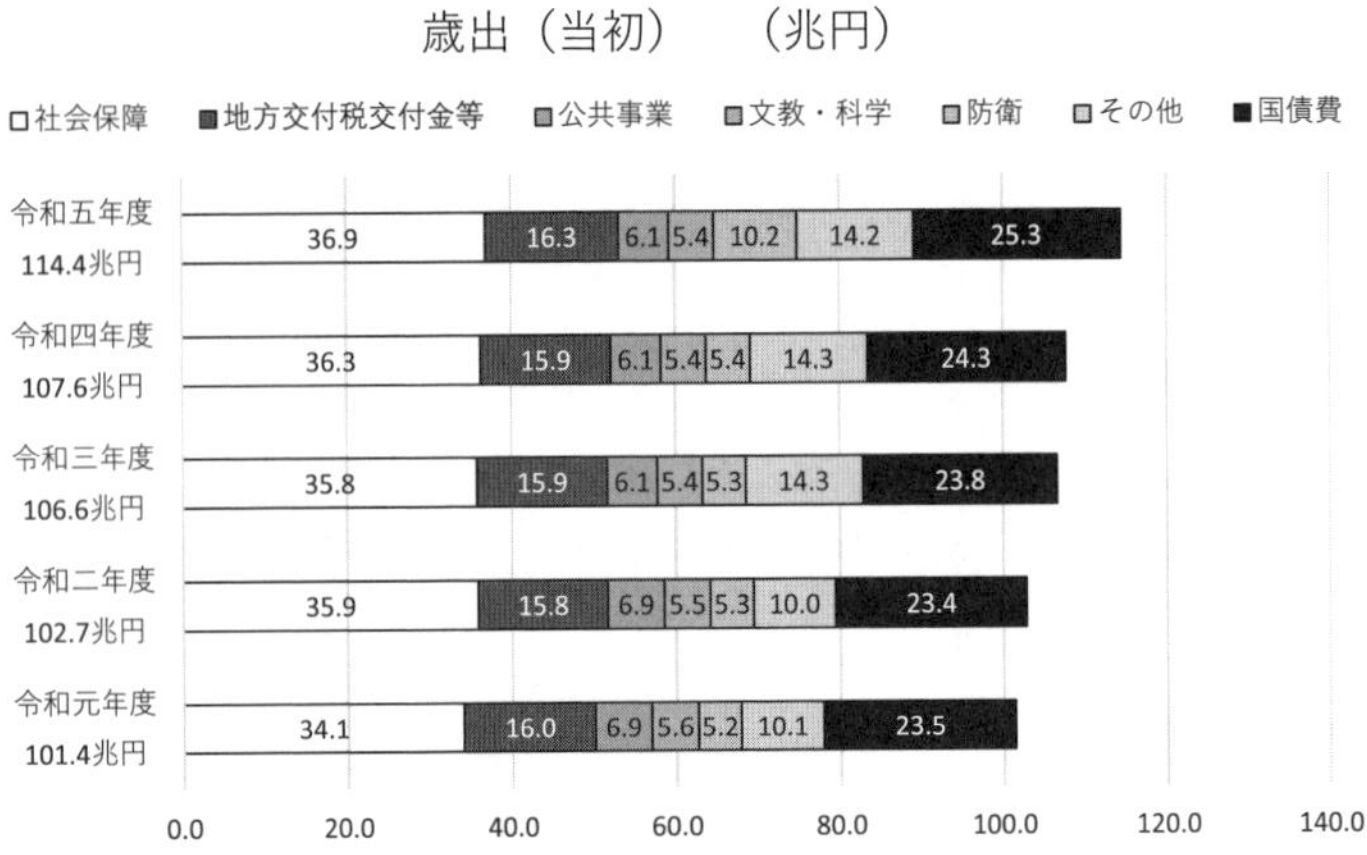
歳出（当初）　（兆円）
□社会保障　■地方交付税交付金等　■公共事業　■文教・科学　■防衛　□その他　■国債費
令和五年度 114.4兆円
36.9
16.3
6.1
5.4
10.2
14.2
25.3
令和四年度 107.6兆円
36.3
15.9
6.1
5.4
5.4
14.3
24.3
令和三年度 106.6兆円
35.8
15.9
6.1
5.4
5.3
14.3
23.8
令和二年度 102.7兆円
35.9
15.8
6.9
5.5
5.3
10.0
23.4
令和元年度 101.4兆円
34.1
16.0
6.9
5.6
5.2
10.1
23.5
0.0
20.0
40.0
60.0
80.0
100.0
120.0
140.0

歳出をみると、国・地方の歳出総額（純計ベース）は219・9兆円で、国が44％、地方56％という状況です。国・地方の財政が公債依存であるため、歳入・歳出に大きな開きはあるものの、財務省は歳出比、税財源比とも概ね4：6となっていると評価しています。

蛇足ですが、2020年の日本の国内総生産（GDP）は541兆円（国民経済計算（内閣府））ですから、単純計算するとGDPの約4割が、国と地方、一般政府支出ということになります。

(2) 地方財政制度と現況

① 地方財政計画

地方財政を見ていきましょう。総務省が策定する地方財政計画というものがあります。地方財政の需要額と地方税収を推計し、地方債等の必要額を把握、財源保証のための資金調達など、市場との調整を行うことを目的として策定するもので、普通会計のみが対象です。

地方財政計画は、国の予算等を踏まえて策定することになります。令和四年度地方財政計画を見ると、地方公共団体全体での行政経費必要額、つまりは歳出ですが92・0兆円を見込み、これに対する歳入計画をたてることになります。地方税収42・9兆円、地方贈与税2・8兆円、地方交付税18・4兆円に国庫支出金15・0兆円などを見込み、不足額を地方債で手当てすることになります。令和四年度では地方債収入を6・8兆円見込んでいて、これをどのように調達するかが

図表２　地方財政計画・地方債計画（令和５年度）

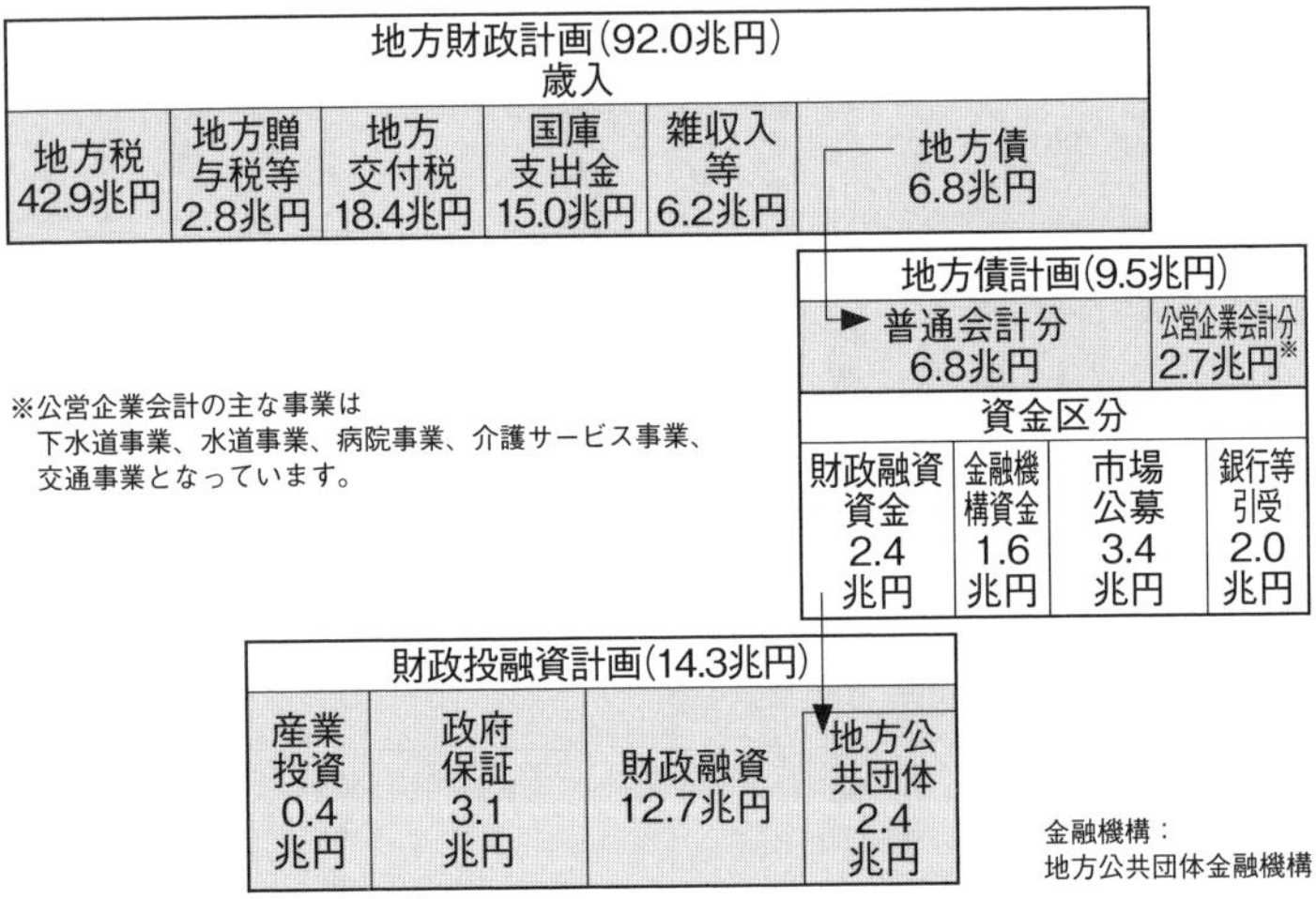

※公営企業会計の主な事業は
下水道事業、水道事業、病院事業、介護サービス事業、
交通事業となっています。

金融機構：

地方債計画に委ねられています。

②　地方債計画

地方債計画は普通会計分に加え、地方公営企業会計分も合わせたものとなります。令和五年度においては、普通会計分６・８兆円、公営企業会計分２・７兆円の総額９・５兆円となっています。

地方債計画の大きな意味は、地方債の資金調達をどのようにしようとしているかにあります。市場との調整機能と言われるものです。地方債計画総額９・５兆円について、国が調達する財政融資資金（財投と呼ばれる財制投融資資金の融資部分を指します）、地方公共団体金融機構によるもの、この二つを合わせて公的資金とされます。それに加え、直接地方公共団体が民間等、市場から調達するのが、市場公募と銀行等引受に分類される部分です。

令和四年度については、国の財政投融資計画から財政融資資金２・４兆円、地方公共団体金融機構資金を１・６兆円を見込み、それ以外を民間等資金５・４兆円（市場公募３・４兆円、銀行等引受２・０兆円）としています。

話が戻りますが、公営企業費の内訳を見るとおよそ、下水道事業１兆３千億円、水道事業６千億円、病院事業・介護サービス事業が５千億円、交通事業が２千億円となっていて、１千億円を超えるのはこの４事業となっています。

最後に、公的資金調達を担う地方公共団体金融機構の経緯をご紹介しておきます。

まず、地方公営金融公庫（以下、公庫とします。）から機構に至る経緯を整理しておきましょう。地方公営企業については、初期投資が全て借金によらざるを得ないこと、更にはその供与期間の長さ、世代間負担の公平性等の観点から借金による整備が是認されるべきものとされており、一般会計支出補填のための地方債許可に比して地方判断が優先されるものでした。この地方公営企業用の融資機関として、公庫は創設されています。公庫は、政府保証の下、市場調達による資金により地方債を引き受ける機関です。国が全額出資の特殊法人でしたが、２００８年10月に全地方公共団体の出資機関の地方公営企業等金融機構に移行、この際、政府保証が廃止されています。更に２００９年６月に地方公共団体金融機構に改組し、一般会計事業への貸付業務にまで業務拡大されています。

公庫は当初、７年調達・15年融資からスタートし、最終的に10年調達・28年融資の資金提供を行っていました。機構の市場調達は10年債による資金調達を最長30年融資で資金提供するという、この調整機能を併せて持つものです。

③ 地方交付税の基本的な考え方

地方公共団体の行政サービスが一定水準を維持できるよう、その財源面を保証するものが地方交付税です。各地方公共団体の人口や面積などの特性を踏まえ、行政サービスのための費用を「基準財政需要額」として算定し、地方税収見込みとの差額を補填するのが地方交付税の基本的な考え方になります。所得税・法人税の33・1％、酒税の50％、消費税の19・5％、地方法人税の全額がその財源となっています。

ちなみに、基準財政需要額を上回る税収が見込める地方公共団体を地方交付税の〝不交付団体〟といい、都道府県では東京都のみ。市町村では72市町村（※）（令和四年度）となっています。

④ 水道事業に関する補助金等

水道事業に関する補助金等は、毎年、改変されていて、その詳細をここで述べる意味は感じません。これについては、補助金要綱等最新のものを見ていただくものとして、ここでは、国庫補助等の歴史的経緯とその成り立ちに由来する国庫補助制度の基本的な考え方をご紹介します。

（※）泊村（北海道）、六ヶ所村（青森県）、大和町（宮城県）、広野町・大熊町・新地町（福島県）、つくば市・神栖市・東海村（茨城県）、戸田市・和光市・八潮市・三芳町（埼玉県）、市川市・成田市・市原市・君津市・浦安市・袖ケ浦市・印西市・芝山町（千葉県）、立川市・武蔵野市・三鷹市・府中市・昭島市・調布市・小金井市・国分寺市・国立市・多摩市・瑞穂町（東京都）、川崎市・鎌倉市・藤沢市・厚木市・海老名市・寒川町・箱根町（神奈川県）、聖籠町・刈羽村（新潟）、美浜町・高浜町（福井県）、昭和町（山梨県）、軽井沢町（長野県）、富士市・御殿場市・長泉町（静岡県）、岡崎市・碧南市・刈谷市・豊田市・安城市・小牧市・東海市・大府市・高浜市・日進市・みよし市・長久手市・豊山町・大口町・飛島村・幸田町（愛知県）、四日市市・川越町（三重県）、竜王町（滋賀県）、久御山町（京都府）、田尻町（大阪府）、芦屋市（兵庫県）、苅田町（福岡県）、玄海町（佐賀県）

もともと、戦前の、いわゆる上水道事業（計画給水人口５００１人以上）については、個々の事業を特定して予算要求し交付する個所付け補助として実施していました。戦後、いわゆる国民皆水道を掲げた時期に、地方の公衆衛生レベルの向上を目指し、上水道事業は起債（地方債）のみにより資金調達をし、簡易水道については国庫補助（と起債）により整備するものと整理し実施することとしました。その後高度成長期に入り、上水道事業、特に大都市圏の水道が、人口増と都市化により、水資源開発が不可避となり、ここで上水道事業に対する国庫補助が復活することとなりました。上水道事業に対する国庫補助が、「水道水源開発費等補助」という名称（予算の整理や国庫補助要綱）となっているのは、こういった経緯、由来によるものです。上水道事業の国庫補助復活に際して、「通常の水道事業では求められない事業経費について特別に補助する」との位置づけでなされたもので、その後、様々な補助対象事業が加えられましたが、基本的にこの文脈によるものとなっています。従来認めてきた鉛管についてその布設替え、政策誘導を行う必要のある広域化とそれに伴う施設、水質汚濁に伴い整備せざるをえなくなった高度処理施設、耐震化対策なども政策誘導の必要性から対象として認めたものになっています。このような経緯から、上水道事業に対する補助は基本的に新規整備に限定されていて、脆弱な事業基盤を前提とした、初期投資部分の財政負担軽減を目的とする簡易水道補助とは大きく異なりますし、簡易水道事業については更新整備も対象としているのはこの観点からによるものです。

ただし、平成18年度以降に簡易水道事業補助が大きく変わったのは、本当に簡易水道事業が脆弱事業かどうか補助対象を精査した形になっています。簡易水道といえど給水区域が拡張した結果として近接・連続、単に経緯的な事業単位が温存され、給水人口として単に小さいものとなっている場合も散見され、それらについては事業統合・広域化を前提として、統合する上水道事業側に補助金を交付するなどといった補助制度の見直しがなされました。水道料金なども全国平均よりはるかに安い簡易水道もあり、改めて必要な事業に国庫補助を投入する、いわゆる選択と集中の結果となっています。こういったこともあり、平成17年度（２００５年度）に７７９４事業あった簡易水道も、令和2年度（２０２０年度）３０２７事業となって、事業集約と統合が進んでいます。

また、当初予算としては平成27年度から、補正を含めれば平成26年度補正予算から、非公共予算による施設整備補助が行われています。公共予算は、その原資を建設国債として、税収を基本とする非公共予算とは別区分として整理されてきましたが、公共事業の一部において行われていた目的税、独自財源を一般会計化するなどの全体整理もあり、厚生労働省においては、社会福祉施設の整備等とともに、水道施設整備にも非公共予算を投入することとなったものです。結果として水道施設整備費補助の他に、生活基盤施設耐震化等交付金という交付金制度が導入され、上記の政策誘導的な補助事業については、この交付金を活用することとなりました。また交付金導入を機に、単に施設整備に対する財政支援だけでなく、人材育成やＩＯＴ対応、資産管理や事業継続計画といった計画策定支援などいわゆるソフトの政策についての交付金も導入してきており、財政支援の対象が大きく広がってきています。

国庫補助や交付金、厚生労働省の財政支援だけでなく、地方交付税による地方財政措置も幾つか水道事業を対象になされています。

用語解説

普通地方交付税と特別地方交付税

普通地方交付税は一般財政需要の補填として、特別地方交付税は災害対策等の突発的な事象などに対応するため交付されるものです。災害対応が基本ではありますが、地方公共団体で必ずしも全てが実施していないような事業経費についてもこの特別地方交付税の対象となっているものがあります。水の分野では、合併処理浄化槽の整備に関するものも特別地方交付税の対象となっています。

政府支出とＧＤＰ

国と地方、一般会計と特別会計、これらを合わせて、いわゆる政府部門支出が日本全体の支出（国内総生産：ＧＤＰ）のどのくらいを占めているかというと約１／４です。これを多いと見るか少ないと見るかは見方次第ではありますが、どちらにしても政府支出を支える収入側が非常に厳しいことを含めて見ていく必要があるかと思います。

2. 水道計画と資産管理（アセットマネジメント）

水道計画と資産管理を一緒に扱おうとすること自体に注目していただければありがたいと思います。資産管理、アセットマネジメントはある種の流行《はやり》のような印象を持ちますが、これをこれで独立に語るのには相当の違和感、もっというとある種の危なさを感じています。詳細は、以下の各論に譲りますが、資産管理はどうしても、言外に、現状施設の維持を前提としたものになる、またそういう性格の方策です。水道の将来像を考える基本は水道計画であって、それを資金面からどのように支えていくかを同時に考えることを組み合わせてはじめて、今日的で現実的な将来像となるという意識で考えていきたいところです。

また水道計画を簡単に説明するというのも相当大胆で乱暴な話だと思いますが、絶対に避けられない事項でもありますし、水道計画論の基本の基本をおさえつつ、水道の将来像を描くと言うことがどういうことかを考えたいと思います。

(1) 水道計画

水道計画とは何か。『水の需要を予測して、それに応じた施設計画を立てる。』そう言ってしまいます。もともとある種の必要性と必然性にかられ否応なしに水道を創らざるをえない、それをどのように実現するか？　これまでの水道計画論は、そのような時代背景と事業環境に応じたものといった印象です。

水道第二世代は、水系伝染病からの解放、水道第三世代は絶対的な水不足。このような時代背景でできてきた水道計画とは、誤解を恐れず整理してしまうと、とにかく街と人の生活を支えるべく、言ってみれば採算度外視、お金の問題はあとからついてくる、どうにかして作るというもの。現在においても、掛け値なしに水道は現代社会において必要不可欠、更には水道以外の水供給手段がほとんどない水道依存になっていた現代ではなおさらのはずなのですが、一旦実現してしまった利用者サービスの宿命か、これまではこれまで、今後は今後で新たに必要な費用は水道料金でいただきます、一見普通の話がそうはいかないところが水道の難しいところです。

これまで確立されてきた水道計画論を整理しながら、これまでと今後で何が違ってくるか考えていきます。

①　需要予測

需要予測の基本は、『原単位×人口（利用者数）』を基本にします。原単位とは、一人一日どの程度の水量を使うかというもの。これに、普通は利用者数を掛けますが、完全普及の水道事業を考えれば、〝人口〟と言い切ってしまった方が分かりやすいでしょう。

一般的に調査検討ができるものは、一人一日の使用料の平均で『一人一日平均使用（利用）量』と呼ばれるものです。これに推計人口を乗じて需要量を設定するのが水道計画の基本です。施設設計においては、年間の使用において最も大きい需要量を基本にすることになるので、〝負荷率〟という変動係数（変動率の逆数を使うのが通例。）を掛けて日平均使用量から日最大使用量を求めることになります。

考えなければならないのは人口と原単位。人口が今後、長期的に減少する傾向となることから、これをどのように見るか、が一つ、原単位をどのように設定するかがもう一つです。

生活系の使用量であれば、各戸の調査や、生活状況の設定から推計もできますが、事業系の使用量については、都市構造や立地、所在状況からはじまり、使用状況など個々の事情により大きく異なり精度を上げようとなると相当難しい作業になります。

そのような状況もあり、実際上は、事業系、生活系を問わず、これまでの事業実績を踏まえて、事業区域全体としての原単位をなんらかの形で推計するのが一般的でしょう。

ここまでで分かるとおり、原単位そのものをどのように定めるかだけでも幾つもの技術的な課題があります。それより大切なことは、これまではそれがさして求められない事業環境下であったことです。需要増の局面であれば、需要予測は、あくまである時期までの暫定対応であり、多少多めに見積もったところで、いつか使うもの。大は小を兼ねるを地でいく事業環境でした。

今後は、需要減少局面、それも長期需要減少で、少なくとも今世紀中ぐらいはこれが続くことはお話したとおり。今後の水道計画で大切なことは、どれだけ現在から短期の需要を支えつつ、中長期の需要量を精緻に見積もることができるかです。

工学の重要な考え方に、『安全側』『危険側』というものがあります。誤差が出た場合に、それにより全体製品やシステムにとって、余裕や運用を容易化できる方向の誤差か、障害として出る方向の誤差ということを意味します。人口増加期において推計値の上振れは安全側ですが、人口減少期においては危険側。決して使うことのない容量として存在し続けることになります。

これまで課題とならなかったことが、課題となる、状況変化というものはそういうものです。しかも、時々刻々、需要減となるのですから、その施設がどのような寿命でどのような需要状況の下で用いられることになるかについて、設計段階から細心の注意を払う必要がありますし、それはこのような計画の基本の基本、全ての計画の出発点は、このような原単位から端を発しているということになります。これを安易に作ってしまえば、ここから始まる各種容量、諸元は全て危険側の誤差をはらんだ形で、長い時間を掛けて報復してきます。

人口推計については、既にお話したとおりです。ある時点を決めて、その時点での人口のぶれ幅を見るというのを主軸にすれば、その時点からさらに進めばどうなるかという観点が消えてしまいがち。いつかくるさらなる人口の減少、結果として顕在化する需要減少。それをきちんと計画の細部に行き渡らせる必要があります。

時点で考えず、一割、二割と減少する時期がいつ来るか、そういった見方を中心におくべきです。

残念ながら、現時点で生活系一つにしても、炊事・トイレなど用途別使用量を把握している事業者は私が知る限り数事業者。政令指定都市クラスでもやっていないところが大勢です。これまでそれですんでいたという話と、今後の事業環境の中での要否は別問題ですし、要否以前の問題として、全く経験のない局面での事業経営において、このような基礎的調査と情報は必須と思います。

長年の歴史と需要増という同一環境を前提として、様々なことが定式化され、基本に戻らずとも解答が得られる省力化と効率化がなされてきました。水道施設設計指針や維持管理指針はそういった過去の資産として日本水道界が本当に誇るべき成果集です。しかしながら、それがこれからの指針たり得るかといえば話は別。それは今の指針の問題でなく、指針といった教科書やガイドラインの宿命です。数多くの事例とそこでの試行錯誤、成功失敗があってできあがるもので、現時点で人口減少期に対する事例が少なすぎてそういったものが作れるほどの知見の集積がない、それだけのことです。明治期にまだ見ぬ近代水道を、英国式を模倣し作った時期とある意味現在は似た状況です。我が街と我が街の生活が分からなければ水道計画は立てられない、当たり前のところに戻るというのが今ではないでしょうか。

② 施設配置と施設容量

平坦な何もない地形であれば、水源と需要地を一直線につなぎ、そのどこかに浄水場を設定すればおしまい。施設配置を一般論にしてしまえば身も蓋もない、なんの工夫の余地もないものが水道計画における施設配置です。残念なことながら、これだけ複雑で山がちな日本ですからそんな簡単な話にはなりません。力業でトンネルだらけ……というわけにもいかず、結局、施設配置は、地形と地勢の目利きとなります。

浄水場は、水源と需要地手前のどこかということはあまり変わらず、後はある一定規模の土地を要することから、その入手可能性と価格で、現実的な選択をするしかありません。今後の人口減少期を考えれば、少なくとも都市周辺部の地価は下落、土地需要も下がる状況ですので、これまでに比べれば自由度は高くなってきます。そういう意味であらためてどこに導・送水系を配置し、どこに浄水場を持つかは、既存の施設位置以外の選択もでてきています。今後、50年百年を見通し、どのような基本配置にするか是非とも考えてほしいですし、それを考えられる状況になりつつある、その認識だけは持っていていただきたいと思います。

上流部分の導・送水系はそのとおりですが、需要地を支える配水系は話が別。これは都市構造、需要構造、今後の推移で受動的に考えざるをえません。そのように整理していけば、水道事業側で主導的に決められるのは、導・送水系から配水池の位置ぐらいまでということになります。

施設容量の基本にいきます。基本的に水源は、表流水水源であればなおさら、一秒あたりの水量という一定値で決まります（水利権量などはその典型）。最下流の需要は、人の生活や活動次第で、時間変動も大きく、必然的に間にそれを緩衝する容量を持たざるを得ません。これが配水池になります。（貯めが効く水ならではの話で、基本的に貯められない電気は、これを全て発電所で管理することになります。瞬間瞬間をとらえて発電量の管理をする、大変な作業でしょう）

このような需要対応する水道施設は、下流の需要地に近づけば近づくほど、時間単位が小さくなり、上流にいけばいくほど時間単位が大きくなるということになります。それを具体にいうと日最大とか時間最大といったものの使い分けになるわけです。

今後の水道事業を考えれば、中長期的な需要減を念頭に、水源を選択、次世代の水道の上流構造をどのようにするかを考えることになります。水道史上初めて水源を選べる時代になる、これはこれで画期的な局面変化でもあります。上流構造を上流構造で独立に扱うために、『送配分離』は、必要不可欠な考え方だと考えます。

技術的な側面が類似であることから、送配水という言葉があるように一体に取り扱われるのが一般的な印象がありますが、配水系は需要連動、導・送水は、人口減少といった大きな社会構造に規定され水道事業主導で決定できる要素。これがきちんと分離、独立していないと、結果的に全てが需要連動で決まってしまい、何も構造改変をできなくなってしまいます。

各種の工学的な設計手法で、モジュール化というものがあります。相互に干渉せず、各々独立して取り扱うことができるようにするものですが、水道施設においても同様の設計手法が必要になってくると考えています。

水道事業は需要対応で受動的であることは宿命という話をしてきましたが、水道計画においては、それをどれだけ限定的にできるかということを考えるべきです。その結果としての線引きは送水と配水の間にあり「送配分離」という言葉にまとめることができるのではというところに至っています。

水道計画において似たような概念に「ブロック化」があります。配水管理の容易さ、事故対応や補修などでの影響範囲の狭小化、限定化や、漏水等の状況変化の感知のための手法といったところです。具体的な施設配置や管路ネットワークの構築に関しては類似となることも多いかとは思います。ただ、送配分離の主軸は、上部構造の変更、再構築のためであって、ブロック化は配水池の配置や容量も含めて、現行施設の再編を目的とするものと考えます。そのあたりの目的の違いを踏まえて、それぞれの水道施設で何が必要になるか考えていただけると、何かしら今後のための施設再構築に役立つのではないかと考えています。

(2) アセットマネジメントの一般論

アセットマネジメントは、各分野の各者各様で様々な定義がなされ、様々なマネジメント手法が提示されています。一方で、そもそもアセットマネジメントとは？　みたいな問いに対する解答が見つけにくい、ちょっと風変わりな言葉でもあります。アセットマネジメントの最も一般的な整理を見せてくれるのはＩＳＯが整理したアセットマネジメントシステム規格、５５０００シリーズです。アセットマネジメントの一般論としてこれをご紹介します。

① ＩＳＯ規格

いろんなところで聞くことの多くなったＩＳＯ規格ですが、そもそもそのＩＳＯそのものがどういう成り立ちのものか分かりにくいものでないかと思います。

ＩＳＯは、International Organization for Standardization（国際標準化機構）の略で、そこで作られる規格がＩＳＯ規格です。同じ製品に同じ形状、品質・精度などを求めることで、国際的な取引を円滑化することを目的としています。

ＩＳＯは、そもそも民間機関で、その規格もあくまで民間の自主規格としての位置づけです。もともと、規格が乱立し、互換性のない商品が市場にあふれ、お互いの不便を解消するための一種の知恵として出てきたものと言えると思います。単なる私の理解と言えばそれまでですが、ＩＳＯ規格の最初が「ネジの規格」であったことは象徴的なものですし、そんなに間違った理解ではないと思います。

②　ＩＳＯ規格の体制

ＩＳＯの規格は、国際的に最も権威を持つものとはいえ、あくまで民間、業界の自主基準であることには変わりません。（ＷＴＯとの関係によりＩＳＯ規格が別の位置づけを持つに至っていますが、これについては若干後述します）それが故に、「ＩＳＯ規格は結局何？」とか、「ＩＳＯの認証を受けてなんかいいことあるの？」とか、「ＩＳＯの認証って結局どういうこと？」といった疑問に答えるのは意外と難しく、結局、この民間自主基準というところに戻ることになります。

ＩＳＯは、各国の認定機関を許認可・認定することはありません。ＩＳＯは、あくまで規格の策定機関です。ＩＳＯ規格に適合しているか否かを認証する機関は、ＩＳＯ規格を活用して認証しますが、している機関そのものがＩＳＯから何かお墨付きをもらっているわけではありません。奇妙な感じがすると思いますが、それはそもそもＩＳＯ規格が民間自主基準で、任意参加のものであることに由来するものです。少し長くなりますが、日本の体制を例に、ＩＳＯ規格の運用体制を紹介しましょう。

ＩＳＯは、国ごとに代表的標準化機関１機関だけが参加可能とされていて、日本は日本工業規格（ＪＩＳ）の調査・審議を行っている日本工業標準調査会（ＪＩＳＣ）が加入（１９５２年）しています。ＩＳＯでは、個々のＩＳＯ認定を行う機関（「適合性評価機関」が国際規格に適合しているかを判断・評価する機関、つまり「認定機関」）が満たすべき要件とその手順を規定した国際規格も制定しています。この国際規格を策定するのが、ＩＳＯに設置されている適合性評価委員会（ＩＳＯ／ＣＡＳＣＯ：Committee on conformity assessment）です。このＣＡＳＣＯに参加しているのが、ＪＩＳＣと公益財団法人日本適合性認定協会（ＪＡＢ）になります。

ＪＡＢが認証機関（個々の組織のＩＳＯ適合の認証を行う機関）を認定できる（認定機関となれる）根拠は、国やＩＳＯから何かお墨付きを得たことではなく、このＩＳＯの活動に参加していることなどによる〝自己信用力〟によるもので、更には、各国にあるこのような認定機関同士の相互認証によるものです。（この相互認証などの内容の透明性確保のために、前述の認定機関の満たすべき要件が規定されています）

結局のところ、このような認定機関たる活動、実績、実力（履行能力）とそれによる信用力がこの認定機関たる根拠というふうに言えると思います。

ＪＡＢ自身は、ホームページの「よくあるご質問」で、以下のような説明をしています。

『ＩＳＯとＪＡＢはどのような関係ですか。ＪＡＢはＩＳＯから認可されたり、契約を結んだりしているのですか』

ＩＳＯは国際規格を作成する団体です。一方、本協会をはじめとする世界各国の認定機関は、マネジメントシステム認証機関、要員認証機関、製品認証機関、温室効果ガス妥当性確認・検証機関、試験所・校正機関、臨床検査室、検査機関に対する国際規格（ＩＳＯ／ＩＥＣ１７０２１等）等を使用して、これら機関を認定する立場にあります。すなわち、ＩＳＯは規格を作成し、本協会を含む各国認定機関はその規格を使用するという関係になります。

しばしば、認定機関はＩＳＯ本部から許認可・認定を受けて活動しているのか、というお問い合わせを受けますが、ＩＳＯと認定機関には直接のつながりはありません。もちろん、認定機関の関連する様々な規格作成・改訂のためのＩＳＯの会議には、各国認定機関は規格の使用者として議論に加わっています。

『ＪＡＢと日本国政府はどのような関係ですか。ＪＡＢが認定機関として事業を行っている根拠は何ですか』

ＪＡＢは、適合性評価制度全般に関わる認定機関として、１９９３年11月、日本工業標準調査会（ＪＩＳＣ）の答申に基づき、社団法人経済団体連合会（当時）の主導の下、35の産業団体の支援を受けて、民法第34条に則り、通商産業大臣及び運輸大臣より（両省とも当時）設立を許可された財団法人です。ＪＡＢは日本国政府機関又はその外郭団体ではありません。財団法人は、その公益性、公正性を確かなものとするために所管官庁（ＪＡＢの場合、通商産業省及び運輸省）による業務監査を受けることが義務付けられています。

ＪＡＢは、一般社団法人及び一般財団法人に関する法律（一般社団・財団法人法）、公益社団法人及び公益財団法人の認定等に関する法律（公益法人認定法）等、公益法人制度改革に伴う新法令に基づく内閣府の公益認定を受け、２０１０年7月1日に、公益財団法人に移行しました。

ＪＡＢの活動は、認定・認証制度に関する国際基準の要求事項に従った純民間機関としてのものです。ＪＡＢは国際相互承認を結んだ外国の認定機関の相互評価により、国際基準の要求事項に沿った活動を行っているとの評価・承認を受けています。

ＪＡＢの認定機関としての事業活動の根拠は、国際的に普及しつつあった民間機関主体の適合性評価制度の中で、我が国にも認定機関としての役割を担う機関が必要との産業界の認識の高まりと、そのニーズを取り纏めた日本工業標準調査会（ＪＩＳＣ）の設立答申に基づいて社団法人経済団体連合会（当時）構成諸団体、組織が基本財産を拠出して財団法人を設立したことにあります。

納得できるかどうかは、個人的な感覚もありますが、私自身は以下のような理解でこのことに納得しています。

結局のところ、ＩＳＯの体制というのは、最終的な重石（おもし）がありません。それは、各国政府機関が関与しない、あくまで民間機関、民間自主基準だからです。結局、関係者がその必要性と利益・便益を認めて、そこに集い、そのこと自体により形成される信用力により支えられるものです。またそれに納得するものが参加するという性格のものだとも言えるかも知れません。ISOと同様の活動をするのも自由、しかし、それは業界標準（デファクトスタンダード）とはならず、ならなければ信用力も生まれない、鶏が先か卵が先か、信用力と業界標準の循環定義（トートロジー）自体がISOの本質と、まるごと受け止めるしかないかと思います。

このごろ、○○検定といったものをいろんな機関や組織がやっていますが、これが信じられるかどうかというのは、結局、受ける人とそれを聞いた人がどう思うかということにかかっているのに似ているような気がします。

JAB（認証機関を認定する認定機関。）が認定する個々のISO規格に適合しているか否か、民間企業などを審査しているのが認証機関です。この認証機関については認定する機関（＝日本の場合はJAB）はありますが、認定する機関（JAB）自体をISOが認定することはないわけです。JAB自体がISOを構成する一部であり、それ自体を認定しても結局自己認証といったところなのかもしれませんが、ISO55000シリーズのアセットマネジメントシステム規格を認証する機関（個々の組織の審査・認証機関）としてJABが認定しているのは、株式会社日本環境認証機構（JACO）の一つだけとなっています。

このJABの認定を受けた認証機関しかISOの認証ができないかというと、そうではありません。認証機関を名乗るのは勝手ですが、JABの認定も受けない認証機関、もっともらしくいうと「自己認証により認証機関とする機関」の認証を受けるものがいるか？　というレベルの話になります。他の人が認めるかというと…結局のところ誰も認めてくれなければ認証を受ける意味もなし、やってもいいけど受ける人いないと思いますけど…という話です。

③　ISO55000シリーズ・アセットマネジメントの概要

長々ISOの体系を説明したのは、所詮そういう構造のものという納得がないとアセットマネジメントシステム（AMS）も理解しがたいのではと思ったからです。

厚生労働省で推奨する「資産管理・アセットマネジメント」は、資産・アセットとして水道施設、いわゆるハードに注目するものと言えます。水道施設、その補修、維持、更新といった施設管理と財源の関係を意識して管理・経営していくことを目指したものです。

一方、ISOのアセットマネジメントシステム（AMS）は、非常に広い概念で、その〝アセット〟の定義も「組織にとって潜在的又は実際に価値のあるもので、その価値は異なる組織とそれらのステークホルダー（利害関係者）との間で異なり、有形・無形のもの、金銭的・非金銭的なものでありうる」としています。

無形でも、非金銭的なものでもそこに、価値を認めるのであれば、アセットとして認めうるというもので、例えば人の能力、知識といったものもアセットたりうるということになります。

このアセットに期待する価値を発揮させるためにアセットマネジメント（AM）という活動を実施、その活動を体系化したものをアセットマネジメントシステム（AMS）を構築するというもので、このAMSの内容、実施体制等を規格化したものがISO55000シリーズということになります。

アセットマネジメントは、アセットそのものに着目するものでなく、アセットが提供する価値に着目するものと明確に記述されています。アセットマネジメントシステム（ＡＭＳ）は、「価値」「整合性」「リーダーシップ」「保障」といった基本的な要素に基づき構成され、アセットの「価値」を効率的に発揮させるため、計画・決定といったプロセスを体系化・明確化・透明化・明文化して管理していくものです。その管理を実行足らしめるためには「リーダーシップ（責任と権限）」が求められ、その効果が「保障」されるように実施していくものとしています。

これ以上の説明をしようとすると、結局、規格そのものを読むのに等しい話になってしまいますので、これぐらいでやめさせていただき、結局この規格が審査等を通じて求めるところを、私の理解、感想の範囲で述べたいと思います。

④ アセットマネジメントシステムの求めるところと適用の効用

結局のところ、アセットマネジメントシステムとは、アセットとしての対象を決め（これは認証される組織が決めるものです。）それの管理、いわゆるＰＤＣＡサイクルの履行を求めるものです。

審査の結果として分かったことは、自らの組織運営の再確認、意思決定システムと指揮命令系統の再整理に他ならないということです。

水資源機構の場合、アセットを、ダムや水路といった水資源管理の施設群とし、その施設管理のための組織運営を明文化しながら、整合性を再確認する作業でした。

何をスタートとして、どのような活動をし、その結果をどのようなプロセスをとって、最終的にきちんと管理するのか、財務的・技術的な具体活動とするのか、その具体活動の効果をどのように計測して次のサイクルに持ち込むのかというものです。

このようなものを適用する効用として考えられるものは、無駄な作業の排除、場当たり的な対応の排除、二重管理の検出、不透明な意思決定プロセスの検出といったようなものです。

もう少し具体的に言えば、「やったからといって、何にも使われない、反映されない作業が明確になる。」「偶然や個人の気づきから始まるような、またそのようなことにしか期待していない場当たり的、脆弱な対応が分かる。」「同じもの、類似のものに屋上屋（おくじょうおく）や二重に管理している、省力化できる業務体制が分かる。」「非常に重要なことが、組織内に組み入れられていない連絡会や情報交換会、単なる打ち合わせのような場所で決まっていく、不透明・不明確な体制が分かる。」そんなところでしょうか。

結局、『すべての活動に意味があるようにし、その顛末をはっきりさせること』に尽きると思います。流行の言葉で言えば、ＰＤＣＡサイクル、計画・実行・評価・是正といったものです。組織活動を無駄がないように、言い方を変えると単純・単様にする作業がこのＡＭＳの適用作業ですし、アセットマネジメントシステムの効用ということになります。このために必要で重要な作業が、現状の把握とその文書化です。自分たちの活動、運営方法の根拠に遡り、やっていることをきちんともれなく、正直に書き下す作業で、なかなか根気と時間のいる大変な作業の上に成り立つものです。あうんの呼吸だとか、なんとなく聞こえてくる情報なんてものを全て排除してシステム化する、ある意味日本人の不得手な作業といえるように思います。

現在の水道事業を考えた場合、ＰＤＣＡという行動指針に大きな期待をかけられないと思っています。ＰＤＣＡの基本は、是正、修正で、やることが決まっている場合の考え方です。やること自体をどうすべきかと考えなければならない状況では不向きな考え方でしょう。固定目標に対しては効果を発揮するものの、陽動戦には不向き。目標が変わるような場合、計画策定後の是正、修正では、基本的に絶えず後追いとなりかねません。

⑤ 雑　感

現在の水道事業の苦労は、ＰＤＣＡ的なやり方をしてしまったが故とすら思っています。人口構造、社会構造の変化、最も大きなものとしては、少子高齢化極まって長期人口減少社会に突入することが明らかでありながら、その時々、過去の需要予測と計画の微修正を重ねてきた、平成年代の水道計画がそれです。結果として、絶えず修正を迫られる後追い対応で、実際に人口減、需要減にあってやっと、人口減少と需要減への対応に動いた、これまでの経緯に表れています。もう少し、社会動向と人口構造の変化を理解し、基本認識に入れておけば、このような状況とはならなかったはずです。

先手を打つには、自らの事業環境を決定する大きな構造変化を認知に入れることが必要でした。そしてこれについての基本情報は非常に精度の高い形で存在していましたが、少子高齢化、人口減少といったものを我が事として受け入れる感度がなく、具体行動の変化に結びつきませんでした。

陽動戦の基本行動指針として、ＯＯＤＡといったものがあります。観察（Observe）、判断・方向付け（Orient）、意思決定（Decide）、行動（ACT）といったもので、計画策定以後でなく、それ以前の観察と判断に重きをおくものです。目標が移動するわけですから、当然精度の高い計画など期待しようもなく、当たり前の行動指針です。今の水道にとって、経験のない事業環境下、人口減による需要減少、労働人口減による担い手減少などのなか、事業の内外をよく観察し知ることが最初にして最も大切なことというのは当然でしょう。

水道事業にとってのアセットマネジメントは、事業の持続性や資産維持という基本課題を意識的に扱うために、通過しなければならない管理手法ではあります。資産維持のために、施設寿命を意識した状態監視・把握といったことや保守点検・補修といった維持管理、その上での更新需要の認識とそれに伴う財政負担など、施設と費用を結びつけ、その両面から将来を見通すある種の訓練です。しかし、今後の事業環境の変化を考えれば、ここにとどまっていく訳にいきません。施設や資材の寿命が延びる中で、その寿命期間を見通し、長期にわたる今後を考え、どのような設備投資をし、その時々、どのような資産をどのような負担構造で持つのかを考える次なる段階に進まなければなりません。これは、資産管理というより、水道計画の原点に戻ることに他ならないものと考えます。

将来的な目標が、固定目標か移動目標かによって、行動原理も変わってきます。こういった基本的なところから見直さなければならないぐらい根本的な基盤条件が変わってしまっていることを認識したいものです。

アセットマネジメントシステムにしても、それの根底にあるPDCAにしても、過大評価をせず使いどころをきちんと考えること、何よりその意味をきちんと理解することが重要だと思います。はやり言葉に飛びつかず、自分にとっての意味とその功罪を判断する、私自身はそういう位置にいたいと思っています。

(3) 水道事業の資産管理（アセットマネジメント）

もともとこのような考え方を水道事業に導入した理由は、将来的な投資需要を定量的に評価し、事業量の平準化とともに、水道料金設定を含めた長期的な経営方針を持つためのものでした。言ってしまえば、老朽化対策や耐震化対策という施設からの必要性だけでなく、そこに費用面での対応を同時に扱う手法として提案したもので、そこには、水道事業をはじめとして公営企業の底流に流れる「必要なものを作ってそれを料金で回収する。」という前後関係があってのことでした。これを同時に扱い、事業経営方針としてまとめていくのが水道事業における資産管理手法です。

まずは施設と費用を一体化するための手法で、それは水道界においては定着しつつあるように思います。第一段階として現状施設資産の維持にどの程度の費用がかかるのか、料金設定に影響するのかを意識下におくこと、そこには到達していると言えます。そうであれば、次なる段階に意識を向けるべきです。

どうしてもこの資産管理という手法は、現行施設を前提に考えることになりがちなもの。例えば更新率や耐震化率といった考え方に表れています。次に考えるべきは、今後の事業環境を考えたとき、現状の施設資産が本当に必要かということです。長期人口減少社会を踏まえた水道施設は、現状と延長にあるとは思えません。水道第四世代の姿を求め、それに必要な施設構成、その構築に必要な投資費用はどの程度になるかを見積もっていくのが次なる資産管理の姿です。これを資産管理手法の次なる活用法とみるか、なんのことはない水道計画の本論に戻るとみるかは、人それぞれですが、私は、難しく考えるより「水道計画を原点に返って作り直しましょう。」という方がわかりやすくていいかと思っています。

１割、２割程度までの需要減であれば、今の施設構成の延長で、容量削減（ダウンサイジング）ぐらいの話ですむかも知れませんが、長期に見ればそれ以上の需要減を覚悟しなければならないところが大勢。そうなると、現行施設を延命化して持たせながら短中期の需要に対応しつつ、三十年、五十年といった根本対応の第四世代水道を、導送水系を中心に構築、二つのシステム（施設群）を併用しながら、いずれ第四世代水道へ移行するというのが、基本路線と思えます。

そもそも現状施設そのものが、これまでの土地開発や需要増に伴い、その時その時の個別対応を重ねた結果として、施設構成も非常に小規模・複雑化したものとなっているのをよく見ます。重要路線においてすら耐震化ですら不十分、ましてや複線化やバックアップ体制など非常に脆弱な施設構成が大半。現在のものに手を入れるより、第三世代水道と第四世代水道の併用を基本に、次なる姿を描く方がよほど建設的ではないでしょうか。

現行の資産管理手法の意味と限界を踏まえ、ここにとどまるのではなく、施設投資と費用の関係を明確にし、現在と将来世代との間でどのような水道を持つのか、積極的な意味として水道事業の資産管理は考えたいものです。

3. 水道料金と事業経営

(1) 概論

歴史経緯的に見て、ここ30年にわたって需要増が一段落したこともあって、現行施設とその容量に依存し、新規投資に消極的すぎました。現行施設の高度化（耐震化等の強靭化）も図り切れず、投資は現行施設の維持補修の範囲にとどまり、施設や全体システムの向上どころか、老朽化に苦しむ状況にあります。

確かに、ここまでの日本社会全体がデフレ経済下にあり、公共料金の一つである水道料金に対して社会的な値下げ圧力が大きくかかってきたことは確かです。内外格差、内々格差といった国内外の形式的な料金比較が多くの分野でなされ、水道料金もその例外ではありませんでした。基本的に、国際調達などの手法がとりにくく、特に耐震化資材などを求める先進国が、ほとんど日本のみという状況で、水道事業の費用低減などできようはずもなかったのですが、様々な分野で“価格破壊〟などという言葉がはやるぐらいの状況では致し方ない面もあろうかと思います。しかしながら、結果として人口の微増期から微減期に移行する貴重な安定期に水道施設の基本を変える時間を失ってしまったことも確かです。加えて、このような状況の中で、水道料金も変わることなく温存されてしまいました。その最たるものが、逓増制という政策料金体系であることは前述の通りです。

事業の必要経費から水道料金のあり方を検討すべき、その必要性が認知され、課題としての声は聞こえるものの、なかなか具体の内容に入りにくいのは、単に需要減による収入減への対応の範囲で考えるからではないでしょうか。

それ以前に、そもそも人口増と都市化と事業環境の中、需要管理（という言葉と概念がありました。）の名目により、需要抑制のための料金体系が今必要なのか、基本的な水道料金体系に手をつけない限り、その料金レベル、負担レベルの話に進めない状況にあります。総額的な負担レベルの問題以前に、どのような利用者にどのような負担を求めるのか、その負担配分のあり方が現実と大きく遊離しているように思います。

基本料金や基本水量といった基本設定のありようを再構築する必要があります。従量部分と基本料金部分の配分といったことを問題に挙げなければならない状況でありながら、極端な逓増制や事業系負担の大きさなどそれ以前の問題を現行の水道料金体系はたくさんはらんでいます。逓増制の緩和どころか、逓減制まで考えるべきところ、それは固定経費の大きい水道事業費用を考えれば当然のところです。

　使用水量の増減にほとんど費用感度がなく、水量を増やそうがコストはほとんど同じ。それが巨大装置産業たる水道事業の特性です。一方で、利用者は水とその量に料金を支払うという認識でしょう。この間でどのような料金体系を作るのか、これまでの料金体系の時間が長すぎて、短期的な改変は難しいのが実情。そうであれば、将来の水道のありようを長期的に考え、今後、数次にわたる料金改定をプログラム的に進める覚悟と宣言が必要と考えます。

　料金改定の関係者調整を見ると、従来型の「がんばっても赤字だから料金値上げ」は通じにくくなっている印象があります。今回の改定が何を保証するものなのか、どの程度の期間でどのような事業運営を支えるものなのかを正面から捉え、解答をもったところは比較的理解も得られているように思えます。水道の事業環境は今後、長い年月を掛けながら徐々に、そして確実に変わっていきます。現在の対応で変えきれない部分をきちんと認め、長期にわたる長年の対応となること、まずは、そのような時間単位と時間距離で、私自身が考えること、正確に認識することから始まるように思います。

　生活系・事業系の比率が大きく変化し、生活系の中でも世帯構成が大きく変わり、標準世帯の設定自体が難しい時代ではありますが、そのような変化をきちんと観察、把握した上で、今後の水道経営のなかでどのような施設資産を構築していくのか、将来像を正確に描く、あるべき姿を現実としていく、そのような基本方針さえしっかりしていれば、大勢は理解していただけるもの、そう信じて進めていくのだと思います。

無料《ただ》の水が、水道により有料になった近代水道創生期、人口増と都市化の中、水資源開発の価格転嫁で大幅値上げを経験した戦後・第三世代の水道事業、一部の大都市圏においては高度浄水処理の採用に伴う料金値上げ……その時々、先人達もその施策の意味と意義を訴え、巨大投資とその回収に努力してきました。社会全体として人口減少に伴い、社会資本効率が下がる中、再度、このようなところに挑戦する時期がきています。中身が分からず料金値上げを望む人はいませんが、理解して納得してくれる方々はちゃんと存在し、その結果として近年の料金改定も進みつつあります。何をやってきたか、これから何をやっていくのか、明確なビジョンとともに積極的に考えていただきたいですし、考えざるを得ない局面にきています。それは、常識的な情報から十分理解されうるものと思います。

(2) 料金制度の基本（料金体系と料金水準）

水道料金を考える時、料金体系と料金水準をきちんと分けて考えることです。料金体系は、用途別と口径別の分けにはじまり、従量制か定額制か、その併用として基本料金・従量制、加えて基本水量付き基本料金・従量制が代表的な形式としてあります。従量部の料金制度として、水道事業では逓増制が一般的ですが、この他に定率制、逓減制もありえます。

このような料金体系は、どの立場で何を重視して料金を徴収するか、ある意味、事業の見せ方を示すもので、事業広報としての意味合いが大きいものです。利用者目線と都合を重視する用途別料金制度、水というサービス財の等価性を重視した口径別料金制度と言えますし、需要抑制の経済的手法としての逓増制ということになります。今後の事業環境を見通し、どのような事業としてみてもらうのか、必要な費用をどのように配分することがよいのか、という意味で料金体系を選択することになります。

そのような料金体系により、今後の事業運営で必要な費用を回収すべく決まるのが料金水準です。当然、施設再構築を念頭に設備投資がどのようなものか、設備に関する固定経費が大半を占める水道事業の場合、これなしに料金水準は決まりません。水道（施設）計画とともに議論することとなります。

図表３　料金体型の類型

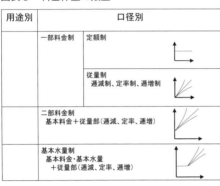

用途別	口径別		
	一部料金制	定額制	
		従量制 逓減制、定率制、逓増制	
	二部料金制 基本料金＋従量部（逓減、定率、逓増）		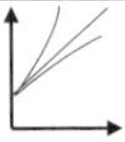
	基本水量制 基本料金・基本水量 ＋従量部（逓減、定率、逓増）		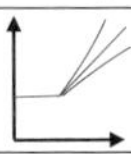

料金体系についても第三世代の中にあり、また、料金水準決定の基礎となる第四世代の水道像も模索の途上ということで、どちらも難しい課題をはらみますが、現在の延長線上で考えるのではなく、長期的な将来像を描きつつ、現在の料金制度をどうするか考えたいところです。まずは料金体系をどうするのかから考えるというのは、検討の順序と検討内容の整理という意味ではオススメの方法です。

4. 浄水処理と水質管理

この節では、水道の浄水処理を中心に、水処理全般についてその基礎的な情報を整理してみます。あくまで基礎知識の範囲で、なるべく系統立てて説明を試みたいと思います。この分野に詳しい方はお分かりになると思いますが、ここでの内容は、北海道大学の丹保憲仁名誉教授が提唱された水質マトリックスを中心に、なるべく平易に、各水処理方式が何を行っているかを説明しようとするものです。

(1) 浄水処理

① 全体システムと単位プロセス

水処理システムは、いわゆる全体システムを指し、水処理方式全体を言います。この水処理システムを細分化した一つ一つの機能を単位プロセスと言います。急速ろ過方式の浄水場を例にとれば、急速混和池、フロキュレーター（急速攪拌池、フロック形成池）、沈殿、ろ過といった単位処理プロセスを直列に組み合わせて、急速ろ過システムを構築することになります。

水処理はよく、物理処理、化学処理、生物処理などと分類されますが、厳密には単位処理プロセスがこのように分類されるのであって、水処理システムがこのように分類できることは稀です。幾つかの処理機能（物理処理、化学処理、生物処理）が組み合わさって水処理システムができ上がっているからです。水処理システムを処理機能で分類される場合は、その処理プロセスの中で最も中心的な役割を果たすプロセスの性格をもって分類することになります。例えば、急速ろ過処理が物理化学処理と呼ばれたり、活性汚泥法が生物処理と言われるのはこのような整理によります。（なぜそのように呼ばれるかは、以下の整理を見ていただければお分かりいただけるはずです）

② 処理対象物質の分類と水処理

処理対象物質をどのように分類すれば、水処理プロセスや水処理システムを理解しやすいか？本来的には、一般的な物質区分（例えば周期表や物質の大きさなど）とどのように水処理が対応するか考えられればいいのですが、理解のしやすさや水処理の現場の汎用性を考えると、多少、物質区分の方にも歩み寄ってもらいましょう。そもそも、これだけ多種多様な水中の混入物を一般的な区分で整理していては、物質そのものの理解だけで大変な話です。それでは、水処理の立場からどういう形で処理対象物質を整理するとよいか考えてみるという方針です。

・有機物と無機物

まず、物質を大きく性質で2つに区分するとどうなりますか？　ここでは化学の基礎知識に戻りましょう。化学を2つに分類すると「有機化学」「無機化学」となります。有機化学は炭素を中心とした物質群を扱い、無機化学は、それ以外の物質を扱う分野です。これを借りて、有機物と無機物に大きく区分してみます。有機物は合成、分解で物質そのものが変化します。無機物は多少変化がありますが、金属類を考えてみると、基本的に元素としてなくなったり、別物に変化するようなものではないという大きな性質の違いがあります。

・生物分解性と生物難分解性

有機物をさらに２つに区分します。生物が分解できるものとできないもの。このあたりが、水処理の立場に分類そのものを歩み寄ってもらった部分です。ただ、環境中の挙動、生物にとっての有用性などから考えるとこれも一つの分類法でしょう。公害問題、環境問題が環境中での物質の挙動や存在状態からくるわけで、そういう意味では、単に水処理の都合というだけではありません。浄水処理が自然中、環境中にある原水を処理するわけで、その考え方に共通点があるのは当然とも言えます。

生物分解性の有機物は、ＢＯＤ（生物化学的酸素要求量）で測定できるもの、生物難分解性有機物はそれ以外の有機物となります。水道の水質指標としても前者の代替指標として過マンガン酸カリウム消費量があります。（多少違和感がある詳しい方もいらっしゃると思いますが、環境基準の項目構成などを考えれば厳密性はともかくそういう解説もありとしてください）後者は、ＴＯＣ（全有機炭素量）からＢＯＤ発現物質を除いたものと言えます。（前者は炭素量、後者は酸素等量ですので、数値自体を単純に算することはできませんが、物質範囲の概念としてです）

・易凝析性とそれ以外

無機物については、酸化還元反応やｐＨ操作、適当な物質の投入より不溶化できるようなものを一括りにして易凝析性とします。これも水処理側に歩み寄ってもらった分類と言えます。それ以外は、低濃度であれば、何をやっても不溶化しない、析出しない、溶解性の高い物質群を指します。１９８頁で後述します。

・懸濁性、コロイド、溶解性

もう一つの評価軸は物質の大きさです。これは小中学校の理科の知識で十分です。溶けていないものは懸濁性物質と呼びます。これに対して溶けているもの、（水溶液になって）透明になるものを溶解性物質です。少々、話をめんどうにするのはこの中間形態としてコロイドがあることです。溶けているわけでもなければ、放っておいて沈む、浮くでもなく……というもので、乳化（牛乳にいろんなものが混ざっていても（常識の範囲では）分離しない状況）などもその一つです。このコロイドの話は中学で勉強しています。チンダル現象、ブラウン運動といった言葉は覚えておられるかと思います。

このような性質４区分と大きさ３区分、合わせて12区分の処理対象物質がどのような処理プロセス、処理システムで処理できるかを整理していくと水処理、浄水処理の姿が見えてくるはずです。

図表４　水処理の定型化

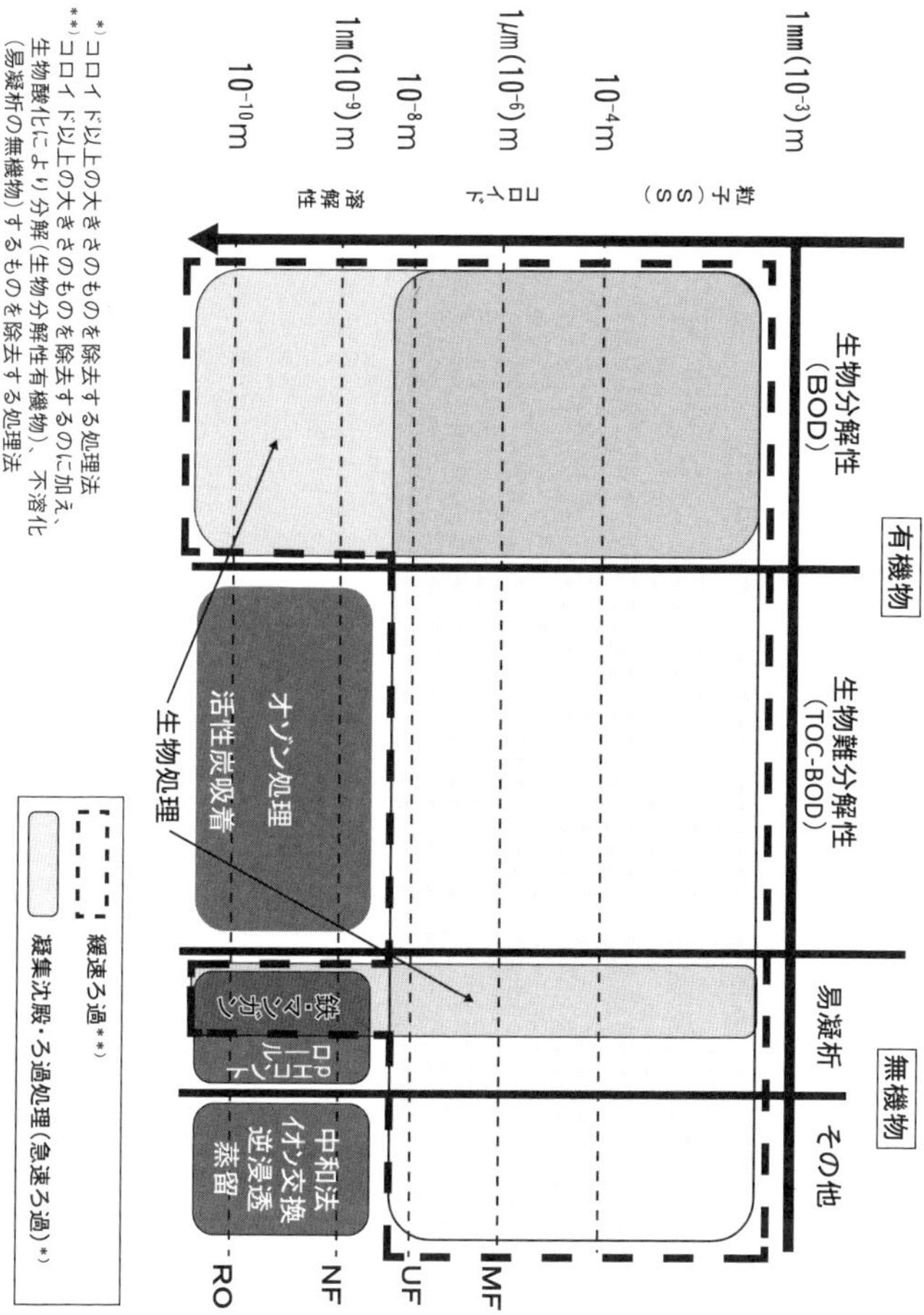

*）コロイド以上の大きさのものを除去する処理法
**）コロイド以上の大きさのものを除去するのに加え、生物酸化により分解（生物分解性有機物）、不溶化（易凝析の無機物）するものを除去する処理法

③ 水処理システムの理解・整理

ここからは、様々な水処理システムがどのような処理プロセスから構成されていて、何を処理しているかを整理していきます。せっかくの機会ですので、下水処理や工場排水処理で使われているものも簡単に紹介しましょう。

・緩速ろ過

緩速ろ過はその言葉から分かるとおり、原義的には〝ゆっくり（砂で）ろ過する〟のはずです。「ろ過」という行為ですから、〝水をこす〟という物理処理ということになりそうですが、それには違和感があるはずです。その違和感のもとは、「ゆっくり」という操作方法により自然発生する、砂ろ過池の砂層上面の生物膜です。この生物膜が、この処理システムの中心であるろ過プロセスに大きな意味を与えているからに他なりません。それ故に「緩速ろ過は生物処理」と一般的に認識されるまでに至っています。また、この処理方式のろ過機能が砂層全体でなく、事実上、上面の生物膜のみに頼っていることもこの認識を強くしているように思います。砂層全体のろ過能力に期待していれば、「生物物理処理」と称してもよかったかもしれません。

緩速ろ過の生物膜は、水中のせいぜい10㎎／Lの溶存酸素に頼る好気性微生物処理で、平たくいうと、酸素を必要とする微生物による補捉、分解となります。そのため、多種多様な物質に対応できる一方、その処理容量には限界があり、特に濁度が高い原水には処理量が確保できない、あるいは処理ができないといったことが簡単に起こり、経験的に濁度10度以下ぐらいが緩速ろ過が使える限界と言われています。

多種多様というのは、懸濁性物質はもとより、コロイド成分にまで対応、加えて生物処理ということで、溶解性の生物分解性有機物や易凝析無機物（鉄、マンガンなどがこれにあたります。ここに入れることがいいかどうか少々問題もありますがアンモニア）も処理が可能です。

・急速ろ過

急速ろ過は、緩速ろ過で対応できない高濁度対応の処理方式として発明されたものです。当初は、人工生物膜をアルミニウムでつくる処理方式として発案されたようですが、その後、凝集、沈殿、ろ過を処理プロセスとする処理システムとして定式化されています。

急速ろ過は、その言葉から分かるように、緩速ろ過に比べ「早く」ろ過する方式です。結果として、緩速ろ過とは異なり、生物膜の生成などは期待できません。そもそも高濁度で緩速ろ過が適用しにくい原水で採用されるという前提がありますから、直接ろ過すれば、ろ過池の閉塞が頻発、逆洗頻度が上がって非効率な〝システム〟となります。そのため、凝集プロセス、沈殿プロセスの後にろ過処理を行うということが基本となります。

また、このことから分かるように、沈殿プロセスはろ過プロセスへの負荷軽減のための前処理の位置づけであることが分かります。（逆にいうと、時折、伏流水や浅井戸を原水とした急速ろ過などを見かけますが、このような低濁度で安定したものに仮に急速ろ過を適用するにしても、急速攪拌は必要ですが、その後のフロキュレーターや沈殿池は特になくても支障がないはずです）凝集という化学処理、沈殿・ろ過という物理処理の併用から物理化学処理と呼ばれます。急速ろ過の処理対象は、懸濁物質に加えコロイド領域となります。コロイドを凝集操作で集塊させてフロック化し、後段の固液分離（沈殿、ろ過）で除去するという処理機構を持っています。

ちなみに、この凝集沈殿という言葉・現象は、中学校の時に勉強したコロイドに関する「凝析・塩析」の「塩析」に当たります。この時「コロイドを集塊・沈殿させる効率は、電解質の濃度よりイオンの価数の方が効果があり、価数を1つ上げると10倍程度効率が上がる。」といったことを勉強していますが、まさにこれです。凝析でなく塩析であるのは、水中のコロイドが水分子と水和する親水コロイドとして存在するため、多量の電解質を入れないと集塊・沈殿現象が生じないということによります。

ここで出てくる電解質というのが「凝集剤」ということになりますし、なぜ凝集剤がアルミニウムになるかも分かってきます。アルミニウム（鉄でも可）が安く手に入るプラスイオンで3価になるものだからです。（正確に言いますと、これらのイオン状態（何価のイオンになるか）はpHに依存して変化します。アルミニウムは水酸化アルミニウムイオンの形で最大4価のプラスイオンになることが知られています）水処理用語としては「最も凝集沈殿効率が高い凝集剤」、化学用語としては「最も塩析現象の効率が高い電解質」が（安価で使いやすい物質の中では）アルミニウムということになります。また、pHコントロールの重要性も理解いただけるはずです。電価の高い状態を保てるpH領域に置くことが凝集剤の投入量よりはるかに大切なのです。

「低濁度でいくら凝集剤量を増やしてもフロックが沈まない。」といった話も聞くことがありますが、フロックの密度を上げない限りフロックは沈みません。沈めるべき濁質量が少ないところに凝集剤を増やしても、凝集剤だらけの中に濁質がちょっと……ということは、密度は限りなく凝集剤に近づくだけで密度は上がっていかないのです。きれいな水に凝集剤だけ入れても何か沈むわけではないのを思い浮かべればご理解いただけるでしょう。沈まない時は、ぎりぎりまで凝集剤を絞って、きちんと攪拌しフロックにすることが必要です。このあたりがあることからジャーテストが非常に大きな意味を持つことになります。凝集剤は入れればいいというものではなく、ｐＨと適正量をきちんと管理することが重要なのです。

ここまでの話で、急速ろ過については、「懸濁性、コロイド」といった言葉が出てきますが、物質の性質についての記述がないことに気づかれたかもしれません。急速ろ過は、高濁度に対応できますが、対象物質の性質には無関係の処理特性を持ちます。緩速ろ過のように、対象物質の性質によっては溶解成分の一部を処理できるといった特性がないのです。処理容量は大きいものの多様性がないのが急速ろ過の特徴であり、欠点です。かつて、緩速ろ過から急速ろ過に切り替えた浄水場で、その後、黒い水（マンガン）、赤い水（鉄）に苦しんだところがあったと聞いています。これはまさに緩速ろ過と急速ろ過の処理対象物質の違いによるものです。

・活性炭処理

活性炭処理は、溶解成分を吸着により除去する処理プロセス（浄水処理においては単位プロセス）です。急速ろ過が、コロイドより大きい領域を除去するシステムであり溶解成分に無力であること、このため、これを補完するプロセスとして非常に有用なものということになります。

活性炭の吸着特性は、理論化されていない部分がたくさんあることもあって、知っておくべきことは定性的なことで十分かと思います。

活性炭は、分子量が1500以下の低分子の有機物に有効で、大き過ぎる、また、逆に低分子過ぎるものも吸着しません。またアルコールや糖など親水性の高いもの、生物分解性のものも吸着せず、疎水性（油性）物質をよく吸着します。無機物のイオンもほとんど処理性がありません。水と一緒に動き回るようなものは不得意と理解しても大きな誤解はないように思います。水温が低い方が吸着量が増大するあたりもイメージに合います。

放射性物質でヨウ素、利根川水系で塩素処理後のホルムアルデヒドが問題になりました。このような溶解成分に対して、短期的に対応ができるのは、粉末活性炭処理ぐらいなので、これを試す以外手はないわけですが、前述のような定性的な理解だけでもこれらに対して効果は期待できないことが分かります。ヨウ素はヨウ素イオンとして多くが存在することから、直接的に活性炭には吸着しません。ホルムアルデヒドもあれほど分子量が小さく、親水性の高い物質であれば活性炭の効果が見込めないのは予想できる範囲です。（結果として、塩素処理は止められない、活性炭で除去できない（※）ということで、一部、取水停止に至ったわけです）

（※）一般論の先にプロの領域がある。pH調整などにより分子化、多少の処理性を確保することが可能。

活性炭吸着には、粒状活性炭処理と粉末活性炭処理があります。粉末活性炭の方が、吸着速度が高く即効性がありますが、そのまま全て廃棄されることになります。粒状活性炭であれば一定期間処理が継続できること、再度熱処理（要は蒸し焼き）にすれば再生が可能です。ただし、粒状活性炭自体が逆洗処理等で徐々に破壊・流出すること、再生費用が相当かかることから、再生できることのメリットが経済的に本当にあるかどうかは、施設や運転条件、再生施設の有無や距離などその使用環境によります。

・オゾン・活性炭処理

単独の活性炭処理が溶解成分の吸着処理を期待するのに対し、オゾン・活性炭処理は、オゾンの酸化による「分解処理」を期待し、その後、オゾン分解生成物を含めて吸着処理を後置するというものです。いわゆる臭気物質や有機性の色度などに有効です。また、オゾン処理後は（オゾンは酸素〝原子〟３つのO³ですから）溶存酸素が過飽和状態で、その後の活性炭充填槽は好気性生物にとって良好な生息環境（?）。活性炭処理が吸着だけでなく生物分解を期待できる処理プロセスとなります。生物活性炭処理と言われる所以でもあります。

このようなオゾン分解、吸着、生物処理といった処理機構が、多様な対象物質に対応できるオゾン・活性炭処理プロセスの強みです。前述のホルムアルデヒド問題の際も、この処理方式をとった浄水場においては特に問題なく水質管理ができています。

・膜処理

膜処理は完全に物理的な処理です。ある径以上のものを完全に除去する一方、膜の口径以下のものは素通りということになります。これらの膜の透過する口径ごとに大きく、精密ろ過膜（マイクロフィルトレーション：ＭＦ）、限外ろ過膜（ウルトラフィルトレーション：ＵＦ）、ナノろ過膜（ナノフィルトレーション：ＮＦ）、逆浸透膜（リバースオスモシス：ＲＯ）と分類されます。

単純な理解としては、ＭＦは、急速ろ過と同等の処理性のもの、ＵＦは一部高分子の溶解成分を除去できる（非常に高度な急速ろ過処理）もの、ＮＦは有機系溶解物質の除去まで可能で、ＲＯは逆浸透膜で海水淡水化が可能となります。

これらの他に大口径ろ過膜（ＬＰ膜）があり、これはクリプトスポリジウム対策に特化したＭＦよりもっとろ過口径の大きい膜です。

・硬水軟化／マンガン砂法

カルシウム除去として知られる硬水軟化法、マンガン除去として知られるマンガン砂法、これらはpＨ操作、酸化処理などにより、核となる炭酸カルシウム、砂の周りにコーティングした酸化マンガンなどに処理対象物質を析出させる方法です。多少、処理機構に違いがありますが、晶析法と言われる（理科の実験で塩の結晶を大きくするものがあったのを覚えていますでしょうか？）核の周りに対象物質を結晶化させる、これらを水処理に適用した方法があります。

・下水処理等の生物処理

下水処理においては、その原水の汚濁物質量が多く、溶解成分の比率が高いため、急速ろ過による処理は発生汚泥の多さからも対応しきれないという経験を持っています。処理対象物質の減量を行うには分解処理が最も適しており、生物処理が適用されたと言えます。

し尿処理のように水処理と言うより汚泥処理に近い領域においては、嫌気性生物処理（つまり静かに置いて勝手に分解処理が進むのを待つ）もありますが、下水処理においてはその処理時間短縮の意味もあり好気性生物処理（酸素を積極的に微生物に供給し分解を促進する）が一般的です。この酸素供給方法の違いにより処理方式が分類されています。

○活性汚泥法：最も一般的な下水処理方式で、水槽に曝気により浮遊微生物（水中に浮いている微生物）に酸素を供給する方式です。

○オキシデーションディッチ：楕円形の循環水路に曝気で浮遊微生物に酸素を供給する方式です。小規模施設で安定した処理が可能とされています。

○回転円盤法：回転する円盤の下部を汚水に浸し、付着した固着微生物により処理する方式です。上部に回ってきた時に酸素供給されるものです。

○嫌気ろ床接触曝気方式：小型の浄化槽で使われている処理方式で、前段で何もしない（嫌気性ということに）荒いろ床を通過させ、その透過水を、編み目のボールといった形状の担体に着く固着微生物に曝気により酸素供給し処理するものです。

これら以外に、有機物及びリン除去を期待するものとして好気嫌気法（AO法：嫌気処理（水を静置する池）と好気処理を順に行う。）有機物及び窒素、リン除去を期待する嫌気好気嫌気法（A2O法：嫌気処理、好気処理の後最初の嫌気処理に循環させる）があります。

・金属処理（中和法）

重金属など工場排水や鉱山排水処理で用いられるものです。金属は一般的にpHが高すぎても低すぎても溶解度が上がり、飽和溶解度（最も溶ける量）が最小になる点があることが知られています。この性質を利用して、最小点にpHを変化させ析出させる処理法を中和法と言います。

・その他

いわゆる工場排水処理は、一般的な性状であれば浄水処理、下水処理と同様の処理ですし、金属処理は前述の通りです。それ以外で極端に有機物濃度が高いものなどは、活性汚泥法を2段、3段で使うものなどがあります。有機塩素系化合物などでは、活性汚泥を馴化（ゆっくり慣れさせてそういうものを分解するような状態にする。）して処理したり、曝気処理と活性炭吸着などもあります。処理量が小さければイオン交換樹脂による処理なども特殊なものとして見られます。

④ 浄水処理の水質マトリックス

浄水処理を見てきましたが、処理対象物質の区分と浄水処理の対応を図にすると図表10、11の通りです。

無機物の溶解性は、通常見られる浄水処理では対応不可能であることが分かると思います。このあたりは工場排水処理などで行われている特殊な処理をするしかありませんが、こういった成分を処理しなくていいように〝水源選択をする〟というのが一般的かと思います。

⑤ 浄水処理と水質管理

浄水処理の中で見てしまうと、どうしても水質管理が浄水処理で確保されているように思われがちですが、その前段階、水源選択と原水管理が大きな役割を果たしていることを忘れてはいけません。

どのような原水にも対応するとなると、浄水システムにかかる負荷は非常に大きく、経済性も含めれば現実的なものとなりません。水源を選択し、その原水水質に応じた浄水システムを選択するという背景があって、ここで紹介したような各種の浄水方式があるのです。

図表４　水処理の定型化（再掲）

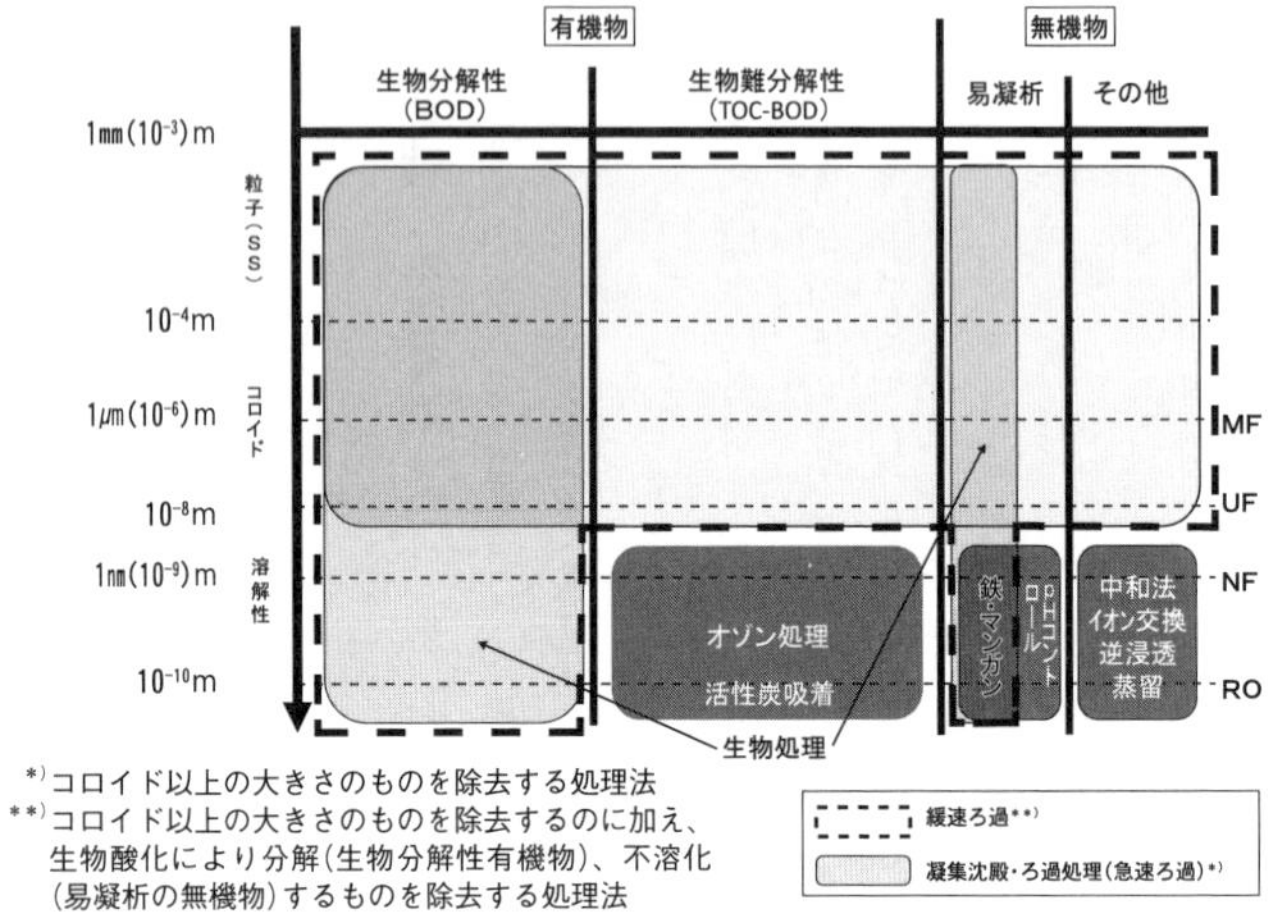

図表５　水処理法の整理

適用	主な対象	処理法（システム）	処理プロセスの構成		
			物理処理	化学処理	生物処理
上	濁質	急速ろ過	沈殿・ろ過	凝集	
上	溶有	オゾン・活性炭	活性炭吸着	オゾン酸化分解	生物活性炭
上	様々	緩速ろ過	吸着・ろ過		生物膜
下	様々	散水ろ床法	吸着・ろ過		生物膜
下	溶有	円転円盤法			生物膜
下工	溶有	活性汚泥法	沈殿		浮遊微生物
下	溶有	嫌気ろ床接触曝気法（浄化槽）	簡易ろ過・沈殿		担体流動曝気
工	金属	中和法	沈殿	中和・pHコントロール	

上：上水処理　下：下水処理　工：工業排水処理　溶有：溶解性有機物

(2) 水質基準の経緯と設定方法

① 水道水質基準

水道水質基準（※）として定められている項目は、大きく、①性状に関する項目と②健康に関する項目の２つに分類されます。

「水道の性状に関する項目」は、透明、無味・無臭といった水道に求められる基本的条件や濁度等の指標で、必ずしも安全性に関するものではありません。

「健康に関する項目」は、まさに健康影響の観点から定められる項目で、大きく２つ、慢性毒性の観点から無影響を基準として定められる項目と、発がんリスクの観点から一定以下のリスク量を基準として定められる項目に分けることができます。

発がんリスクの観点による健康に関する項目は、水質基準の平成４年改正から取り入れられたもので、水質基準の健康に関する項目だけに注目すれば３倍増となったという意味で大改正でありましたが、このような項目設定の考え方からしても大きな改正であったわけです。

（※）水道水質基準は、水道法の構成を見ると、水道というものが持つべき属性として設定されていることがわかる。規模にかかわらず「水道」の定義にあたる「飲用適の水を供給する施設群」というものにあまねく適用されるが、それを具体的な法規制をかけるか否かについて、水道法の中で規模や性格に合わせて選択しているという体系をとっている。

図表6　平成4年以前の水質基準項目

健康に関する項目(10項目)	一般細菌、大腸菌群、シアン、水銀、鉛、六価クロム、カドミウム、ヒ素、フッ素、硝酸性窒素及び亜硝酸性窒素
性状に関する項目(15項目)	塩素イオン、過マンガン酸カリウム消費量、銅、鉄、マンガン、亜鉛、硬度、蒸発残留物、フェノール、陰イオン界面活性剤、pH値、臭気、味、色度、濁度

図表7　平成4年改正後の水質基準追加項目

健康に関する項目(19項目)	セレン、トリクロロエチレン、テトラクロロエチレン、四塩化炭素、1,1,2-トリクロロエタン、1,2-ジクロロエタン、1,2-ジクロロエチレン、シス-1,2-ジクロロエチレン、ジクロロメタン、ベンゼン、総トリハロメタン、クロロホルム、ブロモジクロロメタン、ジブロモクロロメタン、ブロモホルム、チウラム、シマジン、チオベンカルブ、1,3-ジクロロプロペン
性状に関する項目(2項目)	ナトリウム、1,1,1-トリクロロエタン

ここでは、水質基準の簡単な経緯と平成4年改正以降採用された基準値の設定の考え方を簡単に紹介します。

・**水質基準の経緯・変遷**

平成4年以前の水質基準の健康項目（図表6）については、古くから有害物質と広く知られていた重金属を中心として公害問題、食品汚染問題で具体被害があったものが並んでいます。

その後、消毒副生成物を含む有機塩素系化学物質、農薬などによる水道水質汚染が問題となり、一部暫定基準の設定などを経て、平成4年改正により正式に水質基準として取り込み項目数が大幅に増加（25項目→46項目）しました（図表7）。現在の水道水質基準の基本体制がこのとき作られたといってもいいかと思います。

更に、平成15年改正により46項目が定められていたものを、追加及び除外（※）により50項目（健康関連30項目、性状関連20項目）として今に至っています（平成24年度末現在）。

（※）［追加した項目（13項目）］大腸菌、ホウ素、1,4-ジオキサン、クロロ酢酸、ジクロロ酢酸、臭素酸、トリクロロ酢酸、ホルムアルデヒド、アルミニウム、ジェオスミン、2-メチルイソボルネオール（2-MIB）、非イオン界面活性剤、全有機炭素（TOC）
［除外した項目（9項目）］大腸菌群、1,2-ジクロロエタン、1,1,2-トリクロロエタン、1,3-ジクロロプロペン、シマジン、チウラム、チオベンカルブ、1,1,1-トリクロロエタン、有機物等（過マンガン酸カリウム消費量）

・基準値の設定方法

性状に関する項目は、透明とか無味・無臭であることといった人の官能に関するものや濁度・色度などですので、支障のない値を具体的な基準値に置き換えることで設定できます。塩化物イオンなどもそうですが、かなり敏感な人を想定して基準値設定がなされています。

多少、複雑さがあるのが健康に関する項目群です。前述の通り、慢性毒性と発がんリスクと2つの設定方法があるのがこれに拍車をかけますが、そのこと自体を理解していれば、基本的な考え方はそんなに難しいものではありません。両者を分けて説明してみたいと思います。

【慢性毒性を根拠とした設定方法】

人に限らず生物一般に、何か有害な作用を持つ物質でも、ある一定以下の量になると反応しなくなる、感度がなくなる量というものがあります。これを無作用量と呼び、これを根拠に基準値を算定していくものです。

更に具体方法を理解するに当たってのポイントは、この無作用量をどのように決めるか、またどのような単位系で評価するかという点、更には、水質基準値、濃度として算定するに当たっての算定が幾つかの段階を踏むこと、多少面倒な設定がある点、この2点に注意すればそれほど難しい考え方ではないと思います。（※）（一番簡単な説明であれば以上です）

（※）専門的に見ればかなり乱暴な説明ですが、私のレベルの知識・理解の限界。水道事業者として水質基準設定方法の基本的理解のレベルとして理解ください。専門性、正確性を求めるのであればＷＨＯ飲料水水質ガイドラインなどを参考に項目別の設定方法を参考ください。

[第1ステップ：無作用量の決定]

一般的に無作用量は、動物実験により決定します。実験動物に生涯投与（※1）を行い、何の変化もなかった投与量の最大値から算定し、「実験動物の体重1kg当たりの1日投与量」として決定します。この無作用量を〝ＮＯＥＬ（No Observed Effect Level）〟もしくは〝ＮＯＡＥＬ（No Observed Adverse Effect Level）〟といい、mg／kg／dayの単位で表現するのが普通です。ＮＯＥＬとＮＯＡＥＬは同じ概念の同じ単位系のものですが、何をもって無影響とするか、実験動物の状態の判定の仕方の違いによるものぐらいの理解で水道関係者としては十分かと思います（※2）。

同様に、〝ＬＯＥＬ（Lowest Observed Effect Level）、ＬＯＡＥＬ（Lowest Observed Adverse Effect Level）〟というものがあり同じ単位系を持ちますが、こちらは影響量の最小値を指します。こちらを根拠に基準値を算定する例もあります（※）。

（※１）生涯投与を行うことから、寿命が短い動物（ほ乳類）が選ばれることになる。（もちろん入手のしやすさ、価格など実験動物には大変申し訳ない理由で選ばれているのが実情）ラット、マウスなどがその例で、一般的な寿命は２年ぐらい。人間に近い体重や体の構成をもつものが望ましいが、寿命や飼育の面からあまり扱われていないのが実情。

（※２）ＮＯＥＬの方が完全無影響、ＮＯＡＥＬの方が多少基準が甘く、生物活動として無影響と見なせる量との違いがある。

（※）ＮＯＥＬと同様に扱えるかどうかは、その実験条件やデータ数や精度などを総合的に評価した上で判断することになる。一般的には、その後に設定する不確実性係数（安全係数のようなもの）で考慮する。

［第２ステップ：人の許容摂取量の算定（種差と種間差）］

第１ステップで決定した「実験動物の無影響量」を人の耐容摂取量（※）に換算するステップです。

（※）１人１日許容摂取量（ＡＤＩ：Acceptable Daily Intake）の方が一般的。水道のように非意図的に混入物として入ってくるような有害物質管理の場合、「許容」と呼ばず、耐えられるという意味で「耐容」として、１人１日耐容摂取量（ＴＤＩ：Tolerable Daily Intake）と呼ぶ。このため、食品添加物のように意図的に投入するものを対象にする食品基準の世界ではＡＤＩと呼んでいる。

実験動物の種（例えばラットやマウスといった種類のこと）の中で、たまたま選ばれた個体との感度の違いをどう考えるか、一般的に（なぜか？）10倍程度の感度の違いがあるとしています。逆にいうと同じ動物を連れてきて、たとえそれがどんなに弱くても10分の1の量にしておけば同じように無影響量のはず、というふうに経験的に判断しているというものです。更にその実験動物と人間を比べると人間の方が10倍弱いという設定をしています。結果的に、標準的には、体重1kg当たりの無影響量は実験動物の100分の1と設定することになります。これも逆にいうと、人間の無影響量を設定するのにそれだけ安全率を持たせているということなのです。

この何倍とするかというその数字を安全係数と言います。これらは実験の質・量、精度などから総合的に評価して決定することになります。

NOEL等から、これらの安全係数と人間の標準体重を設定し、人間の1日耐容摂取量（単位：mg／人・日）を設定することになります。日本の場合、人間の標準体重を50kgとして算定しています。

［第3ステップ：飲料水基準としての算定］

第2ステップまでで人が耐容できる上限値、1人1日耐容摂取量が決まりました。ここから濃度基準としての水質基準を算定する、最後のステップです。

対象物質の使用状況や曝露状況にもよりますが、標準的には、この1人1日耐容摂取量（もしくは許容摂取量）の8割が食品、1割が（飲料水）、1割がその他（呼吸等）として割り当て

図表８　水質基準値の算定式

$$\text{水質基準}\ (\text{mg/L}) = \left\{ \frac{\underset{(\text{mg/kg/日})}{\text{NOEL等}}}{\text{安全係数}} \times \underset{(50\text{kg})}{\text{人の体重}} \times \underset{(10\%)}{\text{寄与率}} \right\} \div \underset{(2\text{L/日})}{\text{1日飲量}}$$

（寄与率）、それぞれの基準を決定することになります。1人1日2Lという飲料水の原単位を与えると、目標とする濃度基準が算定できます（図表８）。

【発がんリスク評価に基づく設定方法】

基本的な考え方自体は慢性毒性の場合と同じですが、発がん性物質については、それがゼロになって初めて発がんリスクがゼロとなるというところに出発点をおきます。

慢性毒性の場合は、ある一定量があっても毒性なし、影響なしという状況がある（「閾値あり」と表現します。）ということからスタートしますので、この無影響量探しが安全性評価となりますが、発がん性物質には無影響量がない（閾値なし、つまり、無影響量は物質がない場合。）ことが前提（※）ですので、物質量に対する影響度合いを評価することが安全性評価となるわけです。

（※）発がん性物質についても、大きくイニシエーターと呼ばれる直接がんを引き起こす物質とプロモーターと呼ばれるイニシエーターの発がん作用を促進する物質に分けて考える、発がんの２段階説（多段階説）に基づくものがある。この場合、プロモーターについては閾値があるとする説もある。発がん機構は諸説あり、ここではこのレベルにとどめる。

このため、動物実験においても発がんが観察できる程度のも、ある一定のリスクの値に相当する濃度を算定するという方式をとります。動物実験より、ある一定濃度でのがん発症リスクを算定、濃度が一桁下がるとがん発症リスクが一桁下がるというモデルを立て、一生涯飲用して10^{-5}、つまり10万人に1人の発がんリスクになる濃度を求め、それを水道水質基準とするという方式をとります。

基準値といっても、それ以上が即危険で、それ未満が絶対安全と示しているわけではなく、その他のリスク（例えば、自動車事故死のリスクは1年間で10万人に5人）を考えれば、安全に近い値として許容できるとの判断です。WHOの中でも一生涯で1万人に1人～100万人に1人まで、どの値を原則とするか、相当の議論があったようですが、最終的には標準的な一生涯10万人に1人の発がんリスクレベルをガイドライン値とすることで合意に至っています。

② 残留塩素の基準

水道水質基準が「これ以下にしなさい」という基準であるのに対して、残留塩素の基準（0・1mg／L）は「これ以上にしなさい」という基準になります。残留塩素は、浄水場以後に汚染があってもこれを抑え込む水質の〝保険〟です。なければならないものとして、水道法上も水質基準はなく、必ず行わなければならない「衛生上の措置（第22条）」として設定されています。残留塩素は、時間経過とともに減少していくもので、これを末端の蛇口でいかに確保するかというのがポイントです。

(3) 水質測定と水質管理

ここでは水質測定とその測定値をどのように水質管理に結びつけるかということの要点をまとめようと思います。

① 水質測定の意味

水質基準項目は、数万以上あろうかという化学物質に対してわずか50。とてもその基準値を守っていることだけをもって安全を保証するものではありません。水質項目の選定がどのようになされていて、水道システムの中で水質測定を行うことがどのような意味を持つのか理解する必要があります。水質測定とその測定値の持つ意味、それをどのように水質管理に生かして、いかに安全を確保するのかといったところの要点を挙げたいと思います。

・水源選択（状況）が水質管理の基本で、浄水処理がその補完（であるぐらい）と理解
　全項目検査を月1回程度で制度上許容しているのは、まさに水源選択により大きな安全が保証されていると考えるからです。「通常は問題がない」という前提に立った水質管理であることを理解しましょう。

・基準値内であるか否かが問題ではなく、通常通りであることが重要

水質測定には、通常の状況であることの確認という意味が大きくあります。基準値内であることはもちろん、基準値内であっても、通常と異なる数値であれば予想外の事態に陥っている可能性があり、それがどのような状況なのかきちんと把握しておく必要があります。

・毎日検査が最も重要

通常の状況であることの確認という意味では、毎日検査を求めている、〝色〟、〝濁り〟、〝残留塩素〟は、普段と同じであることが重要です。色、濁りがあるのは論外なのは理解いただけると思います。残留塩素が、「通常よりかなり低いけど基準値を守っているから大丈夫」というのは間違った判断で、水源、浄水処理、その後の送配水による汚染など原因究明に進むべき状況と言えます。

また、水質管理に日曜日も祝日もありません。365日毎日検査しなければならないのは言うまでもありません。

・変化を感知する水質測定と管理

水質測定で、本当に常時監視できるものは決して多くありません。現実的に設置可能なものとしては、残留塩素、濁度、電気伝導率ぐらいでしょうか。このような測定項目で水質の変化を感知することが、測定項目やその検査頻度の間を抜けていく危険要素を捕まえる対応です。電気伝

導度は、基準項目ではないもの、浄水処理が最も脆弱な溶解性成分による汚染を感知するための貴重な水質管理指標と言えます。

・バイオアッセイによる急性毒性管理

これも義務化されているものではありませんが、急性毒性を検知する数少ない検知技術と言えます。要は、水槽で魚を飼っておいて死なない状況であることを確認するものです。画像処理と組み合わせて無人監視（死んで浮き上がると警報がなるようなシステム）もよく見るようになっています。

Column

有機物質の常時監視

大阪広域水道企業団が採用している水質監視方法として、24時間監視の通称「ゆうきせんさー」があります。残念ながら(?)完全な常時監視という訳ではなく、自動サンプリングによる1時間に1回のガスクロマトグラフィー測定になっています。それでもトリハロメタン類など18項目の有機物質をこれだけの頻度で測定するわけですから、その安全のための監視レベルは非常に高いと言えます。ここでは、この他にも通称「コイセンサー」というバイオアッセイを採用していますが、本文で説明したような魚類の死亡・浮上を感知するのでなく、毒性物質に対するコイの忌避行動(5連の監視水槽で原水側からコイが逃げる行動)を感知して警報を発するものです。

② 水質検査箇所の配置

水質検査は、項目や頻度だけでなく、どこで測るかも重要です。最終的に全ての蛇口で安全な水を確保することが水道事業者の責務です。残留塩素は時間とともに減少しますし、トリハロメタンのような消毒副生成物は時間経過とともに増加します。基本的に配水エリアの末端、各送配水系の滞留時間最長の点を選択して水質検査を行うべきです。水源の数、浄水場の配置や混合状況、管路延長と需要量を考えた滞留時間の算出など、加えて毎日検査ができる体制など、実際問題としては、このような場所は街の外れで人が少なく……というところであることがよくあり、水質検査の配置は思った以上に苦労の多い作業のはずです。それも安全確保のための重要な仕事です。水質分析以上に労力をかけるべきものと思います。

Column

水源水質問題で唯一の休止、玉川浄水場

田園調布にあり、現在は東京都研修センターとなっている玉川浄水場（工業用水としては現存）ですが、水源水質悪化で休止に追い込まれた唯一の浄水場だと思います。

現在のような生物分解性が高い合成洗剤（ＬＡＳ：直鎖系アルキルベンゼンスルホン酸）に変わる前の合成洗剤（ＡＢＳ：枝状（非直鎖系）アルキルベンゼンスルホン酸）問題で、河川の発泡が大問題となっていた時代です。昭和37～39年に発表された千葉大学滝沢教授の「カシン・ベック病の研究」の中で、大田区内の小中学校生にカシン・ベック病の罹患率が高く、その原因として、水道水中の有機物、合成洗剤の残留成分が疑わしいとされたことから、当時の美濃部都政の下、政治判断として玉川浄水場を休止して現在に至っています。その後、国、都とも研究班、委員会を設置、検討を行った結果、玉川からの水道水とカシン・ベック病の関係は否定されています。

カシン・ベック病とは、カシンとベックが19世紀半ばから20世紀初頭に詳細を報告したシベリア地方の風土病とされる変異性骨関節炎のことで、ロシアだけでなく中国、韓国、日本でも報告例があるもの。一般に軽傷であることが多いが、幼児では小人症となることもあると言われています。未だに原因がはっきりしない病気です。

何にしても、河川そのものが泡だらけという、今では想像しにくい水質汚濁が、多摩川下流部（だけではないですが）にあったことも確かです。

Column

最高裁まで争った水質問題、宝塚のフッ素超過

フッ素濃度が高い水を長期間飲み続けると斑状歯と呼ばれる褐色、斑の歯となる障害が発生します。現在のフッ素の水道水質基準の根拠にもなっているものです。

宝塚市の水道でこのフッ素の基準超過の水道水を昭和46年頃まで給水していたことにより、斑状歯罹患したとして損害賠償請求を行い最高裁まで争ったものがあります。水質問題による訴訟として最高裁まで争った唯一の例です。判決は、当時の浄水技術としては致し方なく、また、常時給水の義務の方が国民生活を支える上で重要とし、宝塚市に過失はなかったとされています。

宝塚市は、昭和48年以降、水源切り替え、混合希釈、電解式フッ素除去などを採用して対処しています。

（出典：法務省「行政判例集成」）

5．危機管理と災害対応

危機管理の一般論を整理した上で、その各論として地震対策に進むのが体系的な整理かと思いますが、やはり水道事業においての地震対策は、それだけで十分大きなテーマですし、これをきちんとしておけば、他の危機管理も対応できるものと思われます。ということで、ここでは地震対策から入り、危機管理体制の一般論に進みたいと思います。

(1)　地震対策の一般論

地震対策としてどのようなことを目標として対策を講じていけば良いのか、まずはその目標設定を明確にする必要があります。もちろん、大震災があっても断水もなく通常通りの給水状況を作るのが理想ではありますが、現実不可能なことですから、何かしら現実的な目標を定める必要があります。給水サービスを受けるのは利用者・住民です。震災の際、利用者がどこまで許容してくれるのか、そこから入りたいと思います。

①　住民の行動変化（図表9）

阪神・淡路大震災の経験を踏まえ神戸市水道局、関西水道事業研究会において、市民の問い合わせ内容からとりまとめられた市民の行動変化をご紹介します。

図表9　市民からの問い合わせ内容

第1週目 (1/18～24)	第2週目 (1/25～31)	第3－4週目 (2/1～14)	第5週目以降 (2/15～)
・復旧の見通しは？ ・給水車はいつどこに来るのか (場所、時間)	・いつ水が出るのか? ・避難所に給水タンクを設置してほしい (量・回数をふやして)	・詳しい情報がない ・水が十分給水されない (量・回数＋時間帯) (近くでは出ているのに…)	・我慢も限界だ ・水汲みがつらい、疲れた
KEYWORDS →			
知りたい	いらだち	不安、あせり	怒り、悲痛な声

出典：平成9年11月第4回水道技術国際シンポジウム((財)水道技術研究センター)の「神戸市水道システムの復旧と復興(神戸市水道局小倉晋)」の発表資料(図表5-15、16)

第1週目は、主に「どういう状況なのか知りたい。」ということになります。復旧見通しはどうなのか、それまでの間ちゃんと給水車は来るのか、それはいつ・どこに来るのか、といった当面の状況を〝知りたい〟という段階です。ここではまだ、現状をすぐに改善して欲しいといった結果を求める行動とはなっていない段階です。

第2週目に入ると、「いらだち」が先行しはじめ、いつ復旧するのかという水道給水の具体的な要望と、応急給水の質（回数や量）を求める声が大きくなります。

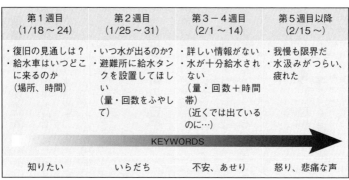

第3～4週目になると、関心が当座をしのぐことから、生活を継続的にどうしていくのかという方向に向かい、結果として「不安、あせり」といった心理状況が支配的になっています。

第5週目以降となると、被災を頑張って乗り越えるという体力・気力の限界を超えてしまい、

図表10 応急復旧目標の例(神戸市)

地震発生からの経過日数	確保水量	運搬距離
地震発生～３日目まで	３Ｌ/人・日	1km
地震発生～10日目まで	10Ｌ/人・日	250m
地震発生～21日目まで	100Ｌ/人・日	100m
地震発生～28日目まで	250Ｌ/人・日	10m

※阪神・淡路大震災規模の震災においても応急復旧は４週間以内
※経過日数に応じた給水量の増加を図る

我慢の限界の結果として、「怒り」また一方であきらめにも似た「悲痛な訴え」となっています。

このような住民の声と向き合い、水道事業者はどのような対応をとるかが問われていると言えます。

②応急復旧目標（図表10）

神戸市の場合、結果的に応急復旧に10週間の時間を要したわけで、そのような経験も踏まえて、応急復旧の計画目標は最大限４週間と結論付けています。

井戸等、水道事業以外の給水手段がどの程度あるかにもよりますが、水道が事実上唯一の給水手段ということであれば、できれば2週間、最大限でも４週間での応急復旧を目標とすべきところでしょう。

(2) 具体対策のあり方

地震対策は、事前・事後対策のバランスで考えるというのが一般論でしょう。一方で、「事前対策は金、事後対策は人」であり、また、仮に資金を準備できたとしても事前対策には時間がかかることも事実です。それぞれにおいてそれを支える条件整備を十分考慮し、実現可能な対策を継続的に実施していかなければなりません。

① 事前対策

事前対策は、耐震化に代表される施設対応と事後対策の実行性を確保するための現実的な計画立案と訓練に大別できます。

耐震化は、施設更新計画とともに計画性をもって継続的に取り組んでいくしかありません。資産管理（アセットマネジメント）に基づき財源的な裏付けを持った経営計画とともに実行すべきです。

震災対応の計画は、一般的には地方公共団体としての「防災計画」に基づき水道事業者としての対応をまとめるものになります。出発点は、防災計画が対応可能な給水拠点の設定となっているかということです。防災部局との役割分担も含めて、水道事業者として何を担っているのか、それは現実に対応可能なのか、から考えるべきです。

応急給水体制を決めれば、あとは応急復旧体制となります。これは、現在の水道事業の体制を考えれば、管工事業者など官民連携で対応するしかない部分でしょう。災害時協定などを含めて体制確保のための事前調整を行うことになります。

② 事後対策

基本的に、事後対策は人、マンパワーを確保して頑張るしかありません。その頑張る体制をどれだけ事前に地震対応計画に盛り込んで訓練等により組織として浸透させられるかがキーポイントでしょう。

残念なことながら、水道事業者の職員数は年々減少し、東日本大震災時においては、阪神・淡路大震災時の25％減、約５万人となってしまっています。マンパワーを頼りに事後対策を進めるという計画が立てにくい状況であることはきちんと認識すべきです。個々の事業者の職員が減っていれば、周辺事業者も減っている、近隣の応援協定だけで対応できる状況ではないのではないでしょうか。事業ごとの職員体制など実態を踏まえた計画を立案するべきでしょう。

(3) 過去の震災対応の教訓

水道関係に限らず、現在の震災対応が形作られたのは、阪神・淡路大震災からと言ってもいい状況です。その阪神・淡路大震災以来の震災経験から得られた教訓をまとめてみます。いわば、地震対策の立案に際しての注意点集です。

① 本庁・本部機能の確保／図面の確保・分散保存

本部の場を確保し、本部機能を確保することです。具体的には、本庁舎の耐震化、耐津波化や被災予想地区を避けた事務所配置などもあります。施設配置図や管路図などの図面類の確保とともに、まずは震災対策の拠点確保がまず第一です。

② 広報計画の組み込み

震災の現場は、苦情対応、マスコミ対応に忙殺されるのが常です。地震対応計画の中に広報計画を組み入れ、情報発信機能の確保、ぶれない説明・対応を確保するための体制を作りましょう。広報の巧拙により、応急対応作業の困難度が大きく変わります。応急給水や応急復旧は、他からの応援者でもできますが、このような広報対応は、基本的に当事者である事業者以外では難しいことも念頭に置くべきでしょう。

③ 応援受入体制の確保

大震災ともなれば、被災事業者のみの対応は難しく、他事業者の応援に頼らざるを得なくなります。その際の受入体制を地震対応計画に組み込み、応援活動が円滑に進む環境整備を行う必要があります。その意味では、「地震等緊急対応の手引き（日本水道協会）」を熟読し、組織として浸透、習熟しておく必要もあるでしょう。

④ 初動体制の確保

大震災ともなれば、連絡通信手段が途絶することも覚悟しなければなりません。連絡通信によらず、一定条件で対応が始まるような初動体制の確保が重要です。また、被災地で組織人員が全て揃うことは望めません。本部に集まることができた人員で（仮に組織トップがいない場合に）どのような対応をとるのかを事前に決めておくことも重要です。

⑤ 水源の確保

応急給水、応急復旧を行おうにもまずは水を確保しなければ何も始まりません。短期的には耐震貯水槽などもありますが、よほど大規模で数を揃えない限り週単位の水量確保は不可能です。水源を確保すること、緊急時に取水可能な河川や井戸などを事前に調査しておくことも重要でしょう。東日本大震災においても、長期断水となったところは、結局のところ水源がやられたことによります。

⑥ 水道施設の耐震化と液状化対策

【浄水場】

大震災の際でも液状化がない限り浄水場が完全に不働となることは稀で、多少の障害はあるもののどうにか通水できることが大部分です。浄水場に関しては地盤確保という意味での耐震対策に注力すべきです。液状化の危険がある場所については、今後の水道施設の更新等をみて場所を移すことまで考えるべきかと思います。最低限の液状化対策、盛り土の崩落防止対策は必須です。(液状化被害は場内配管の寸断によるものが典型的でその修理箇所の多さなどから短期復旧を望むことは困難です)

【管路】

水道事業が持つ管路延長を考えれば全面的な耐震化は短期的には不可能です。実際上、施工がもっとも難しい場合が非常に多いことは承知の上ですが、導水管と浄水場直下の送水管の耐震性確保、もしくは二系列化・バイパス化を早急に進めるべきです。水源から主要配水池までの耐震性が確保できれば、2~4週間の応急復旧計画が現実的になるはずです。

加えて、「そこをやられれば」という影響範囲が大きくかつ単一路線というところを事前に把握し耐震化を図ることも重要です。東日本大震災において水管橋等が大きな被害を受けていますが、この場合、耐震化・耐津波化といっても限界があります。むしろ目標期間までの応急復旧方策を事前に用意しておくことの方が現実的でしょう。

ここまで挙げてみると、水道事業者として当然考える応急給水や応急復旧の体制、耐震化以前に注意すべき点がたくさんあることに気付かされるのではないでしょうか。少なくとも計画立案や見直しは、耐震化などに比べれば今すぐにでも取りかかることができ即効性のある対策です。今この時の施設状況・組織情報を踏まえた計画策定と計画的な耐震化により震災被害そのものを減少させる努力が重要かと思います。

(4) 危機管理体制の一般論

危機管理体制は、何も起こらなければ何の役にも立たない、言ってみれば無駄です。それを無駄とみるのか、保険と考えるのかは大きな違いです。保険として利用者に理解してもらうことがまずは第一歩目です。

水道事業における危機管理体制の対象は、①地震対策、②風水害対策、③水質汚染事故対策、④施設事故・停電対策、⑤管路事故・給水装置凍結事故対策、⑥テロ対策、⑦渇水対策に分類されます。（※）この分類自体、水道事業者の対応や意識の観点から行っており、原因と具体被害を特に区分しなかった結果、排他的な整理とはなっていません。（結果的な被害が同じ、例えば、断水、停電などはこれらの分類でも複数に出てくるものでも、原因排除による対応が中心となる場合と、結果的な被害復旧による対応が中心となる場合があり、実用的な分類ではありません）

（※）「水道の危機管理対策指針策定調査報告書」（厚生労働省水道課・平成19年２月）による。厚生労働省水道課ＨＰに掲載。

ここまで、地震対策で話をしてきましたが、地震の際の被害状況を考えてみましょう。断水等の施設被害、停電、火災と危機管理の対象となるものの多くが地震とともに発生します。残るは、水害と水源水質事故、渇水ぐらいです。

水害に関しては、そもそも施設計画、配置の段階から考慮しておきたいところですが、現実的に難しいところもあるでしょう。床下浸水から床上浸水ぐらいのレベルに対応した最低限の防水対策は用意しておくべきでしょう。

水源水質事故だけは、考え方を別にしておく必要があると思います。水道特有の問題であり、居住地域への直接被害がないだけに、水道への目が非常に厳しいということがあろうかと思います。基本は取水停止ですが、取り込んでしまった場合に、どの段階まであればどうするか、取水、浄水で止められたのか、送水まで、配水までいったのかによって対応が当然異なります。浄水処理・水質管理で詳しく述べましたが、どのような水質項目で課題になっているかも重要でしょう。これも広報計画とともに考えたい課題です。

テロ対策の多くは水質事故対応の延長と整理できそうです。（サイバーテロについてはセキュリティ対策ということでしょう）渇水対策は、渇水調整以外にどうしようもないのではないでしょうか。最後は給水活動ですので、これも地震対策の具体対応に含まれるものです。

具体的にどのような体制をとるかについては、各論に任せるとして、ここでは危機管理体制の考え方と整理に留めたいと思います。

Column

リスクマネジメントとクライシスマネジメント

「想定外は……」というような論調が、東日本大震災、特に福島第一原子力発電所事故についてありました。危機管理という中に大きく2つの概念があるそうで、適当な訳がないので、ここではリスクマネジメント（RM）とクライシスマネジメント（CM）とさせてもらいます。危機管理体制を整理する上で非常に分かりやすい概念なのでご紹介します。

RMは、具体的な危機状況を想定して危機管理体制を構築するものです。リスク（危険性）の管理ですので、具体の想定があってしかるべきですし、当然想定外の事象があっても仕方ありません。想定があるが故に具体行動、対応策までが含まれたものになります。

CMは、想定外を許しません。全てのクライシス（壊滅的な危機とでも言うのでしょうか。）の管理です。こちらの場合、事象が想定しない、できないわけですから、意思決定の方法論を事前に決定しておくことが目的となります。24時間３６５日何か危機的な状況が起こった際、トップがいなくともどういう体制を短時間でとり、その体制にどこまでを委ねるのかを決めておくことです。逆に言うと30分、１時間という時間でとれる体制を前提に初動の意思決定方法を決めることになります。

Column

日本唯一の水道テロ事件。成田空港反対運動

昭和53年6月、千葉県北総浄水場の沈殿池に、廃油、農薬が投入されたのが、日本の水道に対する唯一のテロ事件と言えます。犯行から発見まで約16時間と推定されましたが、沈殿池、ろ過池、配水池までの状況で発見され利用者に対する実害はありませんでした。

成田空港開港日に空港反対派が「水や電気、交通機関などを止め、あらゆるゲリラ活動を展開し、成田空港を廃港に追い込む」と宣言し、ジェット燃料輸送列車妨害事件、空港管制塔破壊事件、空港周辺電話回線切断事件、京成スカイライナー焼き討ち事件、東京航空交通管制ケーブル切断事件、空港関係者の社員寮等への火炎瓶投入事件、東京航空局山田レーダー基地・筑波レーダー基地襲撃事件、東京電力送電塔倒壊事件などが相次いだ時期に行われています。反対運動の対象が空港関係だけでなく、水道という全く無関係な一般市民を標的にしたことから、地元の成田空港反対運動への見方が変わっていくきっかけの一つになったとも言われています。

出典：「水道公論」昭和53年11月号

６．広報と小学校教育、事業評価

各地の浄水場には、小学４年生が見学に来て、対応にお忙しい方も多いのではないでしょうか。ここでは小学校教育において水道がどう位置づけられているのか、広報の観点も合わせて述べたいと思います。また、ここでは併せて事業評価や料金設定についても述べさせてもらいます。一見無関係と思われるかも知れませんが、私は事業評価は、自己確認と広報の仕事と思っています。自らの行っていることの意味、意義を再確認し、これを定量的評価までして広報するものです。また、水道料金の設定は最大の広報宣伝かと思います。水道サービスをどのような負担で提供するのかと考えれば、値段・料金そのものが広報手法。

広報戦略などと言われることもありますが、水道には、このように恵まれた貴重な機会がたくさんあります。私は新たな手法や機会を考えずとも、既存の「機会損失」（※）を見直すことで十分な広報が可能と思います。

（※）具体的な損失でなく普段の活動で得られるべき益を見逃すことで生じている潜在的損失のこと。１つのものを買うのにレジの列が長くてやめてしまわれているような例が挙げられる。

(1) 小学校教育

① 小学校学習指導要領

学習指導要領は、幼稚園から高等学校までを対象に作られ、各段階での学習指導の指針となるものです。水道は小学校学習指導要領の社会において、第3学年及び第4学年の内容に位置づけられています。実態としては、4年生で学習するものと言っていいかと思います。

3、4年生の社会は、「社会生活を理解するという目標の下、人々の生活を支える社会活動を理解し、地域社会の一員としての自覚や地域社会への誇り、愛情を育てること」とされています。地域の社会生活を支える活動として、生産、消費、物流といった一般商品の地域供給の仕組み、ライフライン、そして防災や警察などを学習することとなっており、このライフライン関係ということで、飲料水、電気、ガスの供給やごみ・下水の処理を学習することとなっています。

飲料水供給という表現をとられていますが、水源、貯水池、浄水場これらの見学などを通じて、「人々の健康な生活や良好な生活環境の維持と向上に役立っていることを考えるようにする」とされていて、「安定供給を図るために、様々な対策や事業が広く多地域の人々の協力を得ながら計画的に進められていること」を学習することとなっています。

② 水道の学習内容と教材

「飲料水確保と自分たちの生活や産業とのかかわりを調べること」とされていて、「飲料水の使

図表11 水道の学習内容

飲料水	・炊事、洗濯、風呂などの家庭生活や商店、工場などの産業、学校など様々な場面で使われ、市全体では大量に使用されていることや、必要な量の飲料水がいつでも使えるように確保されていることなどを取り上げることが考えられる。 ・生活や産業に必要な量を常に確保し安定供給を図るための対策や事業を取り上げ、これらの対策や事業が計画的に広く多地域の協力を得ながら進められていることを具体的に調べることである。
飲料水の確保	・需要の増加に対して、水源を確保・維持するために森林が保全されていること、ダムや浄水場などの建設が計画的に進められていること、それらの対策や事業は他の市や県の人々の協力を得ながら行われていること、地域の人々も節水や水の再利用などに協力していることを取り上げることが考えられる。
実際の指導	・飲料水、電気、ガスのいずれかを取り上げ、家庭や学校など身近な生活における使われ方や使用量とその変化などを調べる活動が考えられる。

われ方や使用量を取り上げ、いつでも使えるよう必要な量が確保されていることを具体的に調べる」こととなっています（図表11）。

小学４年生の社会については、いわゆる検定教科書は学習教材としてほとんど使われていません。実際に手にして読む学習教材は、各地の教育委員会が作成する副読本となっています。どのような形でこの副読本が作成されているか分かりませんが、地域によっては、水道事業者が積極的に関与し作られている例もあるようです。ぜひとも一度地域の学習教材、教育委員会の作成する副読本がどのようなものか、見学対応の前に確認いただきたいと思いますし、できれば、作成段階から積極的に関与いただければ、こちらとしても得るところが大きいかと思います。

③ 小学校の水道教育に対して

ここまで取り上げたとおり、学習指導要領上は、「水道、電気、ガスの一つを取り上げ、地域生活を支える社会システムを勉強しましょう。」と要約できます。ありがたいことに、生活に密着しており、地域に施設があることが多い状況もあってか、水道が取り上げられるのがほとんどのようです。（結果として、水道とごみ、もしくは水道と下水道の２つの組み合わせが大半のようです）

ある年代の全生徒に近い数に対して、水道の話を聞いてもらう機会など、こちらが望んでもそんな簡単に得られるものではないのではないでしょうか。それを向こうから希望して来てもらえる、この幸運を水道関係者に理解していただければと思います。

小学４年生といえば10歳前後、あと10年もすれば水道料金を払う年代です。この世代に水道を１日勉強してもらえる、この機会を最大限活用したいものです。

ここでご紹介したように、「安定供給のために大変なことをしている」ことを教えなさいというわけですから、もちろん水量確保もいいですが、災害対策だって、耐震化だって十分その対象たり得ます。そのためにどれだけ大変なシステム、施設群を持っているか、合わせてどれほどの人手とお金がかかっているのかも十分範疇です。

目の前にいるのは小学４年生の子供ですが、彼らも利用者ですし、利用者が見に来てくれると思えば、大切な本来業務でしょう。また、その後ろには保護者がいることも意識してはどうでしょう。保護者に対するお手紙を見学する小学生に託すのだって一つの広報方法です。

最も象徴的なものとして、浄水場見学となる訳ですが、ここで学習すべき内容は、大きな水道システムであって、その一部としての浄水場を実地に見学しに来ています。決して浄水場そのものを勉強するものではないことも理解したいところです。

水道料金の話なども入れてはいかがでしょう。お小遣いをもらう年齢ですし、ボトル水がいくらかも当然分かる年頃。うまく彼らの関心を呼べる内容にしてお話しいただければと思います。

④　小学４年生の学習内容

ところで、小学４年生が一体どの程度の国語力と算数の学習をした段階で水道の学習に入るかご存じでしょうか。広報戦略を考えれば、どのようなレベルと内容にすればよいかは一番のポイントです。漢字学習の到達度、数量の学習がどこまで進んだ状況が分からなければ、せっかくの話もすべて理解されずに終わります。

特に、小学４年生ぐらいですと、その1年間のどの段階にいるかで相当変わってくるのでやっかいです。基本的には小学3年生までの学習内容に合わせるということになります。3年生までの学習漢字で記述しましょう。算数については、本当に大変です。数字は3年生までで万の単位を学習し、億、兆を4年生で学習します。残念なことながら、計量単位は、３年生で長さと重さ、４年生で面積、５年生で体積となります。

「○○立方メートル」だの、「○○トン」だの、いわんや「／日」だのと書いた途端、まったく理解の外。「毎日毎日このくらいの量を送り届けているんですよ」なら通じるかもしれませんね。

平成29年学習指導要領

〔第4学年の目標〕

1 目標

社会的事象の見方・考え方を働かせ、学習の問題を追究・解決する活動を通して、次のとおり資質・能力を育成することを目指す。

(1) 自分たちの都道府県の地理的環境の特色、地域の人々の健康と生活環境を支える働きや自然災害から地域の安全を守るための諸活動、地域の伝統と文化や地域の発展に尽くした先人の働きなどについて、人々の生活との関連を踏まえて理解するとともに、調査活動、地図帳や各種の具体的資料を通して、必要な情報を調べまとめる技能を身に付けるようにする。

(2) 社会的事象の特色や相互の関連、意味を考える力、社会に見られる課題を把握して、その解決に向けて社会への関わり方を選択・判断する力、考えたことや選択・判断したことを表現する力を養う。

(3) 社会的事象について、主体的に学習の問題を解決しようとする態度や、よりよい社会を考え学習したことを社会生活に生かそうとする態度を養うとともに、思考や理解を通して、地域社会に対する誇りと愛情、地域社会の一員としての自覚を養う。

2 内容

(1) 都道府県（以下第2章第2節において「県」という。）の様子について、学習の問題を追究・解決する活動を通して、次の事項を身に付けることができるよう指導する。（ア以下略）

(2) 人々の健康や生活環境を支える事業について、学習の問題を追究・解決する活動を通して、次の事項を身に付けることができるよう指導する。

ア 次のような知識及び技能を身に付けること。

(ア) 飲料水、電気、ガスを供給する事業は、安全で安定的に供給できるよう進められていることや、地域の人々の健康な生活の維持と向上に役立っていることを理解すること。

(イ) 廃棄物を処理する事業は、衛生的な処理や資源の有効利用ができるよう進められていることや、生活環境の維持と向上に役立っていることを理解すること。

(ウ)　見学・調査したり地図などの資料で調べたりして，まとめること。
イ　次のような思考力，判断力，表現力等を身に付けること。
(ア)　供給の仕組みや経路，県内外の人々の協力などに着目して，飲料水，電気，ガスの供給のための事業の様子を捉え，それらの事業が果たす役割を考え，表現すること。
(イ)　処理の仕組みや再利用，県内外の人々の協力などに着目して，廃棄物の処理のための事業の様子を捉え，その事業が果たす役割を考え，表現すること。
(3)　自然災害から人々を守る活動について，学習の問題を追究・解決する活動を通して，次の事項を身に付けることができるよう指導する。（ア以下略）
(4)　県内の伝統や文化，先人の働きについて，学習の問題を追究・解決する活動を通して，次の事項を身に付けることができるよう指導する。（ア以下略）
(5)　県内の特色ある地域の様子について，学習の問題を追究・解決する活動を通して，次の事項を身に付けることができるよう指導する。（ア以下略）

３　内容の取扱い

(1)　内容の(2)については，次のとおり取り扱うものとする。
ア　アの(ア)及び(イ)については，現在に至るまでに仕組みが計画的に改善され公衆衛生が向上してきたことに触れること。
イ　アの(ア)及びイの(ア)については，飲料水，電気，ガスの中から選択して取り上げること。
ウ　アの(イ)及びイの(イ)については，ごみ，下水のいずれかを選択して取り上げること。
エ　イの(ア)については，節水や節電など自分たちにできることを考えたり選択・判断したりできるよう配慮すること。
オ　イの(イ)については，社会生活を営む上で大切な法やきまりについて扱うとともに，ごみの減量や水を汚さない工夫など，自分たちにできることを考えたり選択・判断したりできるよう配慮すること。

(2)以下略）

「1日当たり」というのと「毎日毎日」では大違い。ぜひともこういう細かいところにも注意をしたいものです。

子供たちの生活感の範囲に水道を置くことも大切かと思います。上流からもいいですが、道路の下に……で給水の仕組みを理解してもらう。なんで蛇口をひねると水がでるのか、圧力なんて言葉を使わずにどうやって小学4年生レベルに分かってもらうか、大きな課題かもしれません。

⑤ 浄水場の見せ方

浄水場は、小学生に飲み水を作る場所として紹介するのに恥ずかしくない場所にしていただくことが大事です。古いことを引け目に感じる必要はないと思いますが、きちんと清掃すること、きちんと整理されていることは最低限かと思います。また、同じ時期に食品工場や飲料工場を見ている可能性があることも忘れたくありません。

また、例えばフロックやスカムが着水井や浄水処理工程で見えることは問題ではありません。ただ、それがここで止まる、そのことが大切だということを説明しなければ、単に「浄水場の水ってなんか汚いもの浮いていた」という印象だけが残りかねません。ここで汚く見えたものが最終的にきれいになる、その過程にこそ意味があり、それをどれだけ印象的に話ができるか、そんなところに大きなポイントがあることはお分かりいただけるのではないでしょうか。

⑥ 小学４年生に何を見せるか

小学生の見学対応は、水道事業者ができる広報戦略の最重要事項と言っていいと思います。向こうからやってきてくれて、これだけの時間を独占でき、バスツアーのおかげで非常に印象に残りやすい状況で広報宣伝ができる、この恵まれた環境をぜひとも最大限にご活用いただきたいと思います。保護者の方々は、今日、浄水場見学に行くことを知って、朝我が子を送り出しています。お家に帰ってきた第一声は……「今日の社会科見学、どうだった？」ではないでしょうか。これをどう活用するかです。

(2) 事業評価

ここでは、個々の建設事業の際に行われている評価を「事業評価」、事業評価を含め行政施策のあり方全般を対象とする評価を「政策評価」とさせていただき、話を進めたいと思います。

事業評価は、公共事業で建設された施設が、使われない、利用実績がほとんど上がらないというような状況が（残念なことながら）あり、事業の必要性のチェック体制に対する疑問、指摘に対応して生まれました。（事業評価に当たるものの一番最初は、農林水産省が土地改良事業に対して昭和24年度から実施している費用対効果分析のようですが、現在の事業評価に直接関連する動きは後述する内容と言っていいかと思います）

事業評価の発端は平成７年に遡ります。公共事業の効率的な執行と透明性の確保の一環として、建設省において「大規模公共事業に関する総合的な評価方策検討委員会」の報告（平成7年10月）を踏まえ、平成7年度からダム等の大規模公共事業について事業評価を試行しています。平成9年度からは道路事業、下水道事業等へと適用を拡大しています。

平成9年度の予算（平成10年度予算）編成の過程で、「物流効率化による経済構造改革特別枠」に関する関係閣僚会合が設置され、この中で、内閣総理大臣から公共事業関係6省庁（北海道開発庁、沖縄開発庁、国土庁、農林水産省、運輸省、建設省）に事業評価活用の指示があり、平成10年度より、公共事業の再評価、新規事業採択時の費用対効果分析を試行も含めて実施されるに至っています。

当初の事業評価を見ると、現在象徴的な評価指標である費用対効果分析が必ずしも行われていたわけではなく、事業全体の総括、関係者合意の確認的な意味合いが大きく、いわゆる定性評価に留まる内容が少なくありません。その後、事業評価の定量評価が求められる中、公共事業の効果・便益の評価手法が検討、確立されていき、それに伴い各種マニュアルが整備され、費用対効果分析が標準化していくこととなりました。

このような事業評価の定量評価手法が定着する中、政策評価法が平成13年公布、平成14年施行となり、各省に対して政策評価が義務化されました。結果的に、個々の国直轄事業、国庫補助事業の双方を対象に行われる事業評価は、この政策評価の中に取り込まれ、その一部として実施される現在の体系が完成することとなりました。

①　現在の事業評価の位置づけ

現在の事業評価は、各省の権限の範囲内で実施されることとなっています。道路、河川などの国の直轄事業は、自らが実施主体ですので、計画、施工等実施進捗の各段階を捉えて事業評価を行うこととなります。一方、地方公共団体の実施事業については、各省の具体的な行政行為の機会を捉えて事業評価が実施されることになります。具体的には、補助、融資、許認可等の行政行為の機会を捉えて実施します。そもそも政策評価法は地方公共団体を対象としていません。このため、地方公共団体の完全な単独事業は、事業評価の対象となり得ないこととなります。（もちろん自主的取り組みで実施されている例はたくさんありますが）

このため、水道施設整備に関する事業評価は、あくまで、厚生労働省の補助金交付の可否を判断するために行うものであって、事業実施するか否かを決定するものではないのです。

②　水道施設整備の事業評価

「水道における事業評価の意義は？」と問われれば、かなり答えに窮するというのが個人的な感想です。「水道施設整備における事業評価の意義は？」と問われれば、場合によっては効果あり、が答えです。

そもそも水道は、ある一定以上の人口密度で人が住む以上、絶対に不可欠なものです。水道なしに水を自給することが不可能なことは、前述したとおりで、工業用水道の事業評価を見ると、水道料金と工業用水道の料金差を便益として計上するマニュアルとなっています。つまりは、水道が全国どこでも存在して水供給がなされることが言外の前提となっているわけです。「あるのが当たり前」とここまではっきりさせてくれると、これがいいのか悪いのか、かえって判断に苦しみますが……。未普及地域解消事業の事業評価は、各戸に井戸を掘った場合の費用と水道整備費用を比較……なんてことを大まじめにやらざるを得なくなる事態に陥るわけです。

かといって、事業評価が全く無意味かと言えばそんなこともない場面がたくさんあります。今後行われるダム建設のような追加施設整備、施設容量増大整備については、需要量との見合いでその是非を考え直す貴重な機会と言えます。

事業評価の意味は、まさにこれです。事業環境の変化に伴い、過去に判断、意志決定したことが、現時点で通用する内容なのかどうか、自己点検、自己確認が第一段階。良心の呵責がない本当に必要な施設整備であれば、次に考えるべきは、それをどのように表現して、関係者に、費用負担者である利用者にどのように訴えるべきか、広報・宣伝の主軸としての事業評価書の作成を行います。事業評価書の作成に関しては、相当の手間（と場合によっては費用）をかけていると思いますし、単なる義務作業や従来通りの言いようで、現在の価値観が入らない言い訳作業にしてしまっては非常にもったいないと思います。

何かと事業の見直しの話になると「補助金返還が……」となることが多いですが、それは本末転倒も甚だしい、あまりに残念な考え方だと思います。ちなみに、補助金返還は、その時々の判断が妥当であれば（仮に現在の状況から見て結果的に無駄な施設整備であっても）、求めない処理もあり得るものです。行政手続きや事務作業といった細かいことに捉われず、整備事業の意義を再確認いただき、継続すべきものか否か、その時々において後世に禍根を残さない判断をいただきたいと思います。

細かいこととはなりますが、事業評価を行う際、その基本設定に悩まれることも多いかと思います。事業評価の対象が、独立した事業ではないことが多く、過去の施設整備、つまりは現在の水道施設体系を前提として、これに何かを拡充していくものである場合、どこまでを既にあるもの、どこからを事業評価の対象範囲とするかというのは非常に大きな問題です。かなり乱暴な話をあえてしますが、煎じ詰めると、「もっともらしいこと」だと思っています。高度な常識に基づいて、事業範囲を決めることが重要かと思います。

事業評価が過去の必要性、過去の意味からなかなか離れられない事業評価書が少なからずあります。事業評価を本当の意味での広報戦略の一環と考え直せば、このような事態から離れられるのではないかと考えます。

(3) 広報

① 広報・広告・宣伝

そもそも広報とはなんでしょうか。類語で広告、宣伝といったものもあります。これと比較してみると広報の意味もはっきりしてきます。

「広報」とは、その字のとおり、「広く知らせること」です。「広告」になると「広く世間に告げ知らせること。」ですが、加えて「顧客を誘致するために、商品や興行物などについて、多くの人に知られるようにすること。」といった意味合いが付加されます。「宣伝」になると「述べ伝えること」に加えて、「主義主張や商品の効用などを多くの人に説明して理解・共鳴させ、広めること」となり、更には「大げさに言いふらすこと。」といった否定的な意味合いまで持ちます。広報～広告～宣伝と後者になればなるほど、客観性から主張に移っていくことが分かります。

さて、よく広報や広報戦略などといった言葉を使って広報活動を考えますが、戦略などといった途端、理解や説得の意味合いが強く感じられます。それを求めれば求めるほど、それは広報ではなく、広告や宣伝になっていることをまずは自覚することでしょう。

まずは、本当の意味での広報、恣意性を排除して広く知ってもらうことが重要と考えます。主義主張が入れば入るほど、受け入れられる人間が減ってしまうことが最大の問題。まずは、広報に徹すること、そのために情報を整理した資料をきちんと持つことです。自らが自らのことを知ることは意外に難しく、その自己認識が存在しての理解や共鳴です。その上で広報と広告、宣伝、それぞれをきちんと分けて持つことだと思います。

② 広報戦略

広報戦略といった時点で、広告、宣伝に近づいているのは前述の通り。まずは、水道を知ってもらう、そのための広報資料をきちんと持つことです。なるだけ間口を広げ、広く興味を持ってもらうことが第一条件になります。そもそも水道になかなか興味を持ってもらえないことを課題視すべきですし、そうであれば主義主張の入れ込む前の段階。水道を知ってもらうことを水道だけに求めても難しいことは、これまでの取り組みで分かっていることでしょう。

一案ではありますが、街の歴史にその糸口を求めるべきと考えます。自らの住む街、言ってみれば郷土史に興味を持つ方はたくさんいます。これらの方々を水道に引き込めないかと思います。街の発展と水道の対比の中で水道を知ってもらう。現状の水道だけでなく、歴史経緯から現在を知ってもらうのはどうか?私自身もそういう文脈で水道をみたいと思いますし、これは私個人だけの興味の持ち方ではないと思います。水道の創設はどのような状況の中での選択だったのか、その後の拡張事業は、どのような必然の中で行われてきたのか。残念なことながら、事業史などをみると、「市域の拡大と需要の増加により」の一言で片付けられていることが往々にしてあります。具体的に市域の拡大とは?　どんな街の状況?　その頃の繁華街は、商業施設は、商店街・商業地域の状況は?　交通網は?　知りたいことは山ほどあります。水道を水道の中で語るのでなく、「街と生活を支える水道」であれば、その「街と生活」とともに語ってほしいと本当に思います。

このような広報資料（いわゆるコンテンツ）があれば、その先に水道そのものを知ってもらう、更にはそれに必要な施設、技術、そして費用等々、理解に続けたい広告内容へとつなげることができますし、宣伝したいことの理由、心情も理解してもらえるというものです。このような構成や対象の取り方、選択をきちんと考えること、そのことを「広報戦略」と考えたいと思います。

小学生の浄水場見学を単なる浄水場の勉強と考えるかどうかです。せっかくの機会ですから水道を保護者などを含めた広報の機会と捉えれば、やるべきことはたくさんありますし意味あいも広がります。事業評価を単なる補助金交付のための作業と考えてしまえば、単なる事務手続きですが、事業全体をどのように捉えるかといった自己確認と貴重な事業広報の機会と捉えることもできます。資料の体裁やキャラクター、今般はSNSなどの伝達手段（ツール）などは、所詮デコレーションであって、中身ではありません。どのような情報を持つか、誰にどのような情報を持つのか、それがあっての見せ方です。見せ方から中身を考えるということが多すぎないか、勝手な思い込みかも知れませんが、そのように感じます。見せるべきものをきちんと持つ、それを対象や見せ方によって切り出す、当たり前のことですが、意外とできない、できていないことをきちんとすることにまずは注力してみてはどうでしょう。

(4) 水道の広報事例

このようなテーマで考えると私の中で浮かぶのは高度浄水処理の導入にまつわる水道事業の周辺状況です。今でこそ、大都市圏においては（評価はいろいろあろうかとは思いますが）一般化した高度浄水処理ですが、1980年頃までの一般的な認識は、「水道はそもそも、都市環境を安全に保つための設備であり、水道水がおいしいかどうかを議論することは不適切である」というものでした。実際、水道料金が上がることを理由に反対する利用者がたくさんいたことも事実です。しかし、水道料金アップに基本的に賛成する人はいませんし、反対されるのは世の常です。

結果としては、「そのような世論に迎合し、料金が安価であることという従来からの価値観に安住したがために、水道としての信頼感、評判を落とした。」と言ったら言い過ぎでしょうか。水道の最大の価値である飲料水としての価値を甚だおとしめたこと自体は確かでしょう。残念なことに、本当にあるべき将来像は、必ずしも従来からの価値観では歓迎されるわけではありません。安易なアンケート結果に事業戦略を委ねては将来は描けないと思います。水道事業のプロフェッショナルとして何を語るかそれこそが広報戦略と信じます。

高度浄水処理導入に向けた大阪府の広報戦略をご紹介します。「1ヵ月でコーヒー一杯分の負担をいただければ高度処理が導入でき、より安全でおいしい水が供給できます。」というもので、このコーヒー一杯というのは３００円との試算からの説明だそうです。このような広報・宣伝とともに、約1万件のアンケート結果を実施し、62・5％の賛成をもって導入に踏み切りました。私自身はこの詳細を知るわけではありませんが、このアンケート数を見るだけでもいかに賛成を引き出す努力をされたか、また6割強の賛成をもって導入に踏み切る決断、そこに至る確固たる戦略と方針を感じます。

いつの時代も新たな取り組みに対する反対は必ずあります。「耐震化は、新設や拡張と違い市民に理解されない。」「耐震化は、高度処理のおいしい水と違って市民に分かりにくい。」こんな話を聞きます。本当でしょうか？　近代水道の創設期、新たに水道がひかれることに反対運動はたくさんありました。無料《ただ》だった水になんで料金払ってまで、です。高度処理も前述の通り。過去の努力の歴史について過小評価ではないでしょうか。

水道事業は、利用者と対話する機会がたくさんあります。最も外部委託の進む検針、徴収業務も、考え直せば利用者との接点です。（検針業務に進出した「宅配」という企業をご存じでしょうか。ここは、もともと郵便受けに直接広告を入れて回る、いわゆるポスティング会社、広告宣伝配布会社です。このような業者が検針、料金徴収票配布に出てくるということ自体、このような業務が貴重な広告宣伝機会であることを教えてくれます）このような機会をどのように活用するか、工夫すべき余地はたくさんあると思います。

7. 事業方式と官民連携

ここでは、水道事業の事業主体と事業方式に遡って、官民連携を整理してみようと思います。

(1) 水道事業主体と水道法

① 事業主体

水道事業は、水道法の前身、水道条例の第一次改正（明治44年（1911年））以来、官民とも事業認可をもって事業を行うことが可能となっています。

事業主体としては、地方公共団体と民間企業の二通りに分類され、前者の地方公共団体に、都道府県、市町村、一部事務組合、広域連合などの事業主体があり、それらが民間企業とどのような連携方策をとるかによって、各種の官民連携手法が位置づけられます。

整理の仕方によって、いわば広義の官民連携には、公営事業の完全民営化も入りうるのでしょうが、それは民営化という移行時のもので、民営化され民間事業となってしまえば官民連携の事業運営の範疇ではなく、このあたりが〝官民連携〟という言葉のつかみどころなさになっていると思います。

まずは水道法でいう事業主体、事業認可を受ける者、「水道事業者」とは何かから整理しましょう。「水道事業者」は、給水区域を設定し、その区域内の給水義務を負う者で、料金を設定し、給水契約に基づき給水を行う者です。この給水義務をどのように負うか、最も分かりやすいのは、施設を所有して、その運転管理を直接行うことですが、そのこと自体は給水義務の履行のためのやり方の一つであって、認可の必須要件ではありません。この具体の実施方式があり、場合によっては各種の法律制度を適用することができます。

② 水道料金の設定

水道事業者が行うべき水道料金の設定については、水道法と事業主体が地方公共団体だった場合には、地方自治法が関わります。水道料金は条例で設定することが必要と理解されている方も多いかと思います。これは地方自治法上の要請によります。制度的に整理すると「地方公共団体が水道事業を実施し料金を設定する場合、水道法に基づき料金等を定めた供給規定を定め、その料金については水道法に基づき国に届け出るとともに、地方自治法に基づき条例で定めなければならない。」となります。地方自治法に基づく条例制定は、水道事業だけということでなく、公の施設の使用料を定める場合一般に求められるもので、地方自治法の立場からは、水道料金はこの公の施設の使用料にあたるものとされています。水道法が水道料金を水道水の対価とするのとの違いがあります。

(2) 第三者委託制度、指定管理者制度、ＰＦＩ法

① 第三者委託制度

平成13年改正で導入した制度で、「水道施設の運転管理の外部委託に関して、委託者と受託者の責任関係を整理したもの」で、任意適用ですが、適用すれば水道事業者が負うべき法律上の義務と責任を刑事責任を含めて、受託者に移転するものです。外部委託を行っても水道法上の義務と責任を委託者（水道事業者）が負うのであれば、この制度を適用する必要はありません。当事者間で適用を検討し、明確な役割分担と責任分担で実施するのであれば適用するというものです。

水道施設の運転管理、法律上は「技術上の業務」としていますが、この全部委託も可能で、水道事業者としては、実質的に施設運営に関与しないといった事業運営まで可能なものです。ただし、前述のとおり、水道事業者として持たざるをえない給水義務はあくまで水道事業者が負うものです。（本末転倒な整理ではありますが、）給水義務を受託者、例えば民間企業が負うというのであれば、それは業務委託の範疇を超え、民間企業側が事業認可をとって水道事業者の立場として実施することになります。

また、この制度は水道事業者に対して用意されたもので、受託者に対して用意された者ではありません。いわゆる再委託はできない制度となっています。

② 第三者委託の活用法

第三者委託は、民間委託の文脈で理解されることが多いですが、公共間、言ってみれば官委託でも様々な活用法があります。むしろ制度導入時は、こちらを主体とした説明がなされていて、大規模事業者による小規模事業者の施設運営代行といったものが想定されていました。

共同施設の運転において、ある者が運転管理を全面的に実施しているような場合、いってみれば他の者は、自らの施設部分の運転管理を他者に委託しているとみることができます。実質上、運転管理に参加していないのであれば、（当然、運転管理の実施者との合意があってのことですが、）第三者委託制度を適用して、その運営体制を法律上も明らかにするというのも一つの整理ですし、利用者にとってもそのサービスの履行体制が明確で透明性の高いものとなる利点があります。

これを一歩進めれば、水道事業でよく行われている、いわゆる分水の解消も可能です。一般的に分水は、事業者間の応援、水の融通ということで整理されていますが、常態化していれば、それは利用者からは見えにくい構造で、給水契約に基づく料金とサービスのやりとりと実質的な給水が遊離していて、望ましい状況とは言いにくい状況でしょう。

分水の場合、それを支える施設が分水の供給側のものとなっているでしょうから、まずはその施設を協定なりの形で、一旦、分水の受水側の施設に組み込むという処理が必要になりますが、なんらかの形で受水側の水道施設に組み込み、その運転管理を第三者委託で位置づければ、いわゆる分水状態の解消が可能です。

図表12 第三者委託の推移

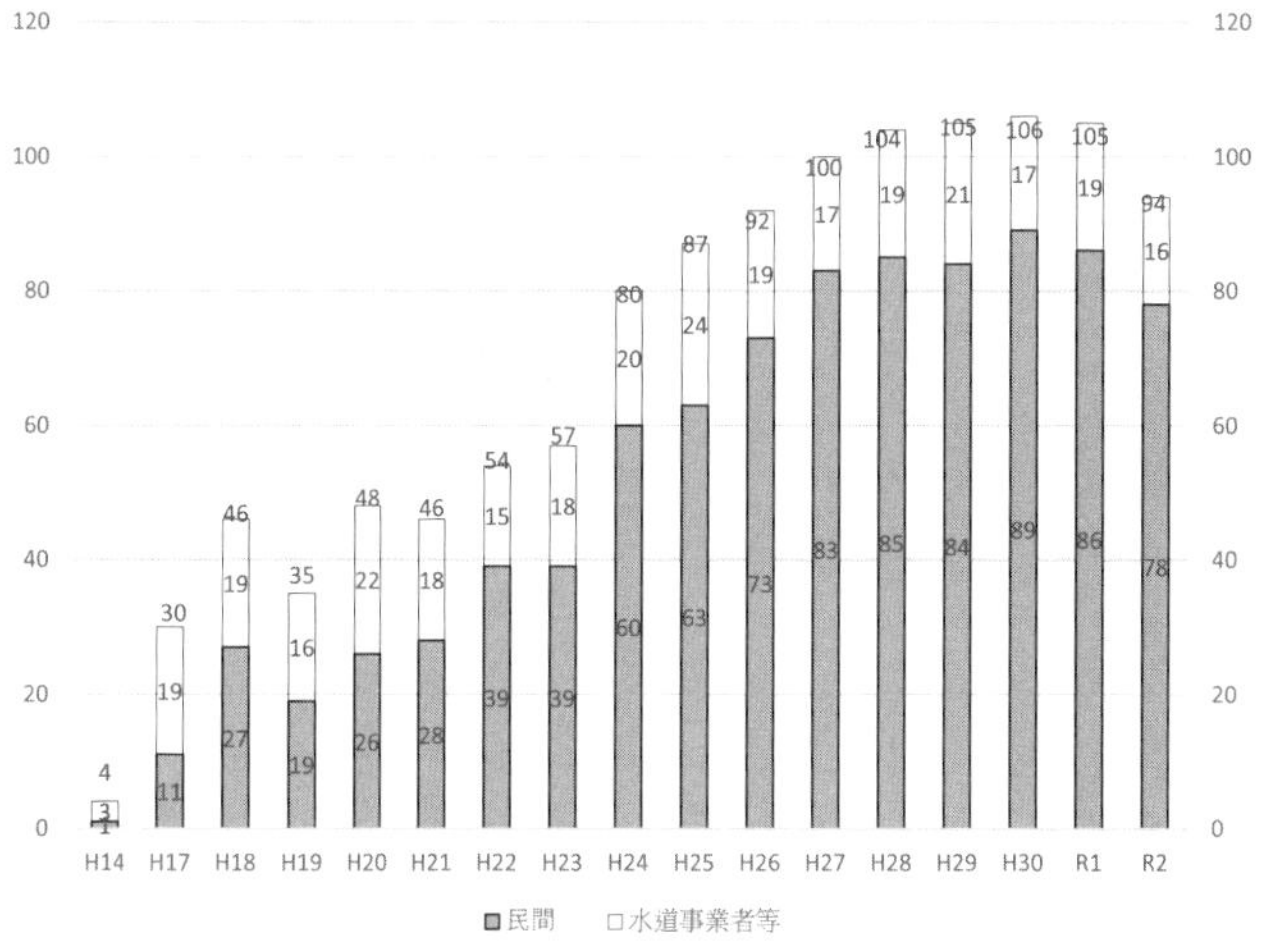

常態化した分水については、用水供給事業の実施という事業レベルでの整理もあります。当事者間の受委託でなく、より安定的な関係を構築するのであればこちらを選択すべきですし、小規模なもので当事者間の合意で十分ということであれば第三者委託の活用も十分ありえるもので、実例も幾つかあります。

③ 第三者委託の動向

第三者委託の件数の動向を示します。令和２年度（２０２０年）で94件、うち民間委託が78件、第三者委託に従事する者は１２３０人となっています。

(3) 指定管理者制度

地方自治法の指定管理者制度は、地方公共団体が設ける「公の施設」の管理を他者に委任するものとされています。「公の施設」とは、「住民の利用に供するためのもので、住民の福祉を増進する目的のもの」とされており、地方公共団体が設けるものです。総務省では主な例として、レクリエーション・スポーツ施設、産業振興施設、文教施設、社会福祉施設とともに基盤施設を挙げ、その代表例として駐車場、大規模公園、水道施設、下水道終末処理場、ケーブルテレビ施設等としています。

「地方公共団体が設ける」というのは、必ずしも所有を条件とせず、賃貸等による管理の権原を有していれば足りるとしています。また、「委任」としているのは、管理校やその結果については受任者が負うもので、委任者である地方公共団体は委任したという事実について責任を負うものとしています。

この指定管理者制度は、条例を根拠に指定を行い業務範囲を定めて行うもので、受任者が利用料金制とすることも認めています。

指定管理者制度は、例示にあるように、リクリエーション施設やスポーツ施設、基盤施設でも駐車場など、施設貸しで料金を取るものに適用するのが分かりやすい活用法でしょう。拠点施設単一でサービスが完結するものであれば利用料金とその対応関係も分かりやすいですが、水道料金は水道施設総体を運営することで給水（水道水の供給）が可能となるもので、浄水場や管路など、水道施設を構成する部分施設だけでは水道料金総体を収受する関係にならないことに留意する必要があります。

(4) PFI法

平成11年に制定された「民間資金等の活用による公共施設等の整備等の促進に関する法律」、通称ＰＦＩ法とされるものです。

当初事業と呼ばれる制定当初の制度は、民間企業選定の手続きを記した法律で、任意適用のものでした。平成23年改正で施設運営権制度が導入されており、通称コンセッション方式と呼ばれています。コンセッションという言葉は、もともとフランスの民間委託方式で、アフェルマージュ（公設民営などと解説されたもの）から民間関与を拡大したもので、水道事業においては、施設運転だけでなく施設維持管理（保守、点検、補修、維持修繕）までも含みうるものとして運用されているとのことです。日本の本法においては、「施設の所有権を移転せず、民間事業者に施設の事業運営等に関する権利を長期間にわたって付与する方式」としており、利用料金制度の適用も認めるものです。

水道事業に関しては、水道法においても利用料金制度を適用する場合、関連規定を設けていて、施設運営権が設定された施設に関する利用料金制について許可制をしいて適正料金設定とすることを求めています。

(5) 具体運営方式と法制度の適用

① 具体の水道事業の方式

ここまで、各法律の制度を解説してきました。施設と経営を分ければ法制度の活用方法が決まります。それでは、具体の水道事業の事業経営、運営形態によってどの法律をどのように適用していけばよいか、こちらの観点から全体整理をしたいと思います。

水道事業を実施する上での以下の3つのポイントが決まれば、法律の適用方法が決まります。

[ポイント① 誰が水道料金を決め、給水義務を負っているか。]

これが決まれば、事業認可を受けるべき者が決まります。施設の所有や管理の権原は関係ありません。だれが水道事業を担うのかによって認可を受けるべき者が決まります。

[ポイント② 水道事業を実施するのに不可欠な施設をどのように確保するのか。]

これによって、PFI法等の施設関連法律の適用方法が決まります。

[ポイント③ 施設の運転管理は、誰がどのような責任分担で行うのか。]

これにより、第三者委託制度や指定管理者制度の活用方法が決まります。

これらのポイントを意識して幾つかの事業形態について法律の適用方法を示しましょう。ここではいわゆる末端供給事業、普通の水道事業を対象にします。

・都道府県営水道
施設を自ら所有していれば、水道法に基づき事業範囲となる市町村の同意をとって都道府県が認可を受け実施することになります。市町村同意は、市町村以外に必要な法手続で都道府県も例外ではありません。

・市町村営水道
施設を自ら所有していれば、水道法に基づき市町村が認可を受け実施することになります。水道法で原則とする方式です。

・公設公営・民運転方式
公共が事業経営するものの、公共の持つ施設の運転に関して民間に委ねるものです。事業経営者はあくまで公共側ですから、事業認可を受けるのは公共となります。

この民間の施設運転管理の責任分担をどのように行うかによって、第三者委託制度を活用することが可能です。運転管理の責任は民間が負うのであれば第三者委託制度を適用できますし、あくまで公共の責任の下で民間を活用するのであれば、特段の法制度の適用は不要です。

この施設の運転管理の業務が、単なる水道事業実施の上で必要な技術上の業務に留まれば、第三者委託制度のみの適用もありますし、施設そのもの自体の維持管理を公共側の責任を離れて委任するということとなれば、第三者委託制度と指定管理者制度を併用することになります。これについては、業務の内容と対象施設の範囲などにより様々な適用方式がありますので、個別具体に判断をして行かざるを得ません。まずは、どういう責任分担でどのような業務をどのような施設を対象に各々が行うのかその整理の上で検討いただくのがポイントでしょう。

・**公設民営方式**

公共の関与はあくまで施設所有者の立場のみで、民間水道事業として実施するものということになります。水道認可を受けるべきは民間であり、言葉どおり民間水道事業経営です。民間企業が事業経営にここまで関与しないということであれば、前述の「公設公営民運転」の一形態になるはずです。

この一形態として、ＰＦＩ法を活用した施設運営権譲渡型の公設民営方式に分類されます。施設運営権を活用するか否かは、民間事業者が資金調達等にどの程度のメリットを期待するかによると思われます。

・**民設公営方式**

あまり聞き慣れないかも知れませんが、本来的なＰＦＩ事業はこの方式を指すものと言えます。公共資金の代わりに、Private Finance（民間資金）のInitiative（主導）（で民間資金調達）により、施設整備を行い、公共の事業経営の下、民間企業が事業に関与する。施設整備、場合によっては、その後の施設運転、維持管理等を行うものです。民間資金による施設整備とＤＢＯ

(Design-Build-Operation：民間による設計から施工、施設の運転管理まで一括実施）方式の併用により、最も民間関与の大きな事業形態となります。（ＤＢＯ方式は、単に設計～運転管理の一括発注・民間受注を言いますので、公共資金調達の下で実施されることもあります）

このような民設公営方式の現実的な形式は、部分施設を民間がＰＦＩ事業により実施するものでしょう。『部分民設公営方式』とでもいうべき形式です。施設総体を民間が整備した場合、民間所有しながら、公共に対して施設をレンタルすることになり、官民共用のビルのような場合はともかく、水道事業のような（公民どちらが行おうとも別目的の事業と）施設共用が難しい事業においては、現実的には考えにくいものかも知れません。（施設の全面を民間が貸与するが事業運営には無関係ということであれば考え方としてはあり得ます）ＰＦＩ事業で民間関与が最も大きく、かつ、現実的な形式としては、民設が部分施設にとどまる『民設・公営・民運転方式』ともいうべき形態でしょう。完全民設においては、逆に公共関与の必要性が希薄になってきます。英国・イングランドのようにＰＦＩ事業を超えて「完全民営化」が自然な姿と思います。

・完全民営水道事業

施設整備から事業経営まで全てを民間企業が実施するということになれば、これがまさに完全民営事業です。

図表13 水道事業の実施形態と法律適用

	事業実施形態		法律適用				
	施設権原	利用者との給水契約主体	水道法			地方自治法	PFI法
			認可	市町村同意	第三者委託	指定管理者	施設運営権
都道府県営	公共所有が通例	――	都道府県	要	――	――	――
市町村営	公共所有が通例	――	市町村	不要	――	――	――
公設民運転	公共	公共	公共	市町村以外要	適用可	適用可(民に料金決定権なし)	適用可
公設民営	公共	民間	民間	要	――	適用可(民に料金決定権あり)	適用可(施設運営権による民営を含む)
民設公営	民間	公共	公共	市町村以外要	――	――	(本来のPFI)
完全民営	民間	民間	民間	要	――	――	可

水道に指定管理者制度を適用する場合を考えると、その対象である「公の施設」は、水道施設総体であり、浄水場等個々の施設に適用される概念ではない。ただし、「公の施設」の管理業務の一部について指定管理者を設定することは可能。

② 具体適用の考え方

ここまで見ていただくと、①事業経営を誰が行うか、②運転管理を誰が行うか、③施設整備を誰が行うか、そのそれぞれの選択のかけ算の数だけ事業の実施形態があり、それに伴う法律適用があることがお分かりいただけたかと思います。誤解を恐れずに単純化しますと、それぞれが次のように整理できます。

①事業経営：水道法の事業認可、市町村同意

②運転管理：水道法の第三者委託、地方自治法の指定管理者制度

③施設整備：ＰＦＩ法

特に②、③はその責任関係の程度問題や関係者の合意形成の可否により適用するか否か、できるか否かが決まってきます。

これらの制度は、あくまで、水道事業の実施状況が利用者にとって、責任分担を明確で分かりやすい、また、利用者にとって最もよい水道

サービスが実現されるために用いられるべきものでしょう。水道事業の履行側の都合だけでなく、利用者の視点・観点から事業形態を検討したいものです。また、これらの官民連携の制度だけでなく、官官連携、水道事業間の連携・協力も同時に考え、うまく制度を使いこなしていただきたいと思います。

(6)　ＰＦＩについて

①　ＰＦＩの起こりと定義

ＰＦＩはイギリスのサッチャー、メジャー首相の保守党体制の下、国そのものが資金調達に苦しむ状況を踏まえた苦肉の策、そのための公共投資への資金調達方式と言ったら言い過ぎでしょうか。更にＰＰＰ（Public Private partnership）は、ブレア労働党体制に政権交代した際の、ある種の政治キャンペーンに過ぎません。（野党に落ちた保守党の政策キーワードをそのまま与党が使えようはずもないです）ここで注目してほしいのは、ある種の政策や事業手法は、そこにある社会状況、社会構造、事業環境を前提に出てくるのであって、天与の物理法則みたいな物では決してないのです。（今更ではありますが）

そもそもイギリスでスタートしたＰＦＩですが、これ自体、イギリス政府が各種公共事業に対して補助金はおろか資金調達（借金の原資調達）に困窮した結果としての策です。水道事業については、合わせて国営公社事業を民営化し、完全な独立性を求めた結果であることを考えれば、

図表14　平成23年６月PFI法改正法のポイント

①PFIの対象施設の拡大として、賃貸住宅や船舶、航空機等の輸送施設及び人工衛星を追加。
②民間事業者による提案制度の導入として、民間事業者の参入意欲を促進するため、従来の公的主体が実施方針案を策定していたのに加え、民間事業者が行政に対してPFI事業（実施方針案）を提案し、その提案を受けた公的主体が、事業の意義・必要性・実現可能性等の観点から検討し、検討結果を提案者に通知する制度の導入。
③公共施設等運営権の導入として、民間事業者が施設の運営権（水道事業では、水道事業者となる）を取得し、公的主体は施設所有権をもち、民間事業者が施設の運営を通じて、利用者から料金収入を得る仕組み。

理解はしやすいのではないでしょうか。ＰＦＩの主眼は、あくまでPrivate（民間）によるFinance（資金融資・投資）のInitiative（主導）手法であり、その対象が公共施設投資ということで、あくまで公共の立場から見た場合の資金調達です。逆に言えば、民間の立場から見れば、必ず投資利潤を得られる融資環境を前提とした融資事業ということになります。

当のイギリスの一部（ということになります。）イングランドの上下水道事業については、完全民営化を達成しており、ＰＦＩを適用しているという認識はないようです。そもそも水道事業自体が民営事業ですから、その資金調達方式を民間にしたからといって当たり前の話ということなんでしょう。「上下水道はＰＦＩを超えて完全民営事業である。」といった言い方をしています。

Column

インフラファンドの議論

インフラファンドという形式が、公共施設に対する直接投資、明確な民間（の公共代替）ビジネスであり、公共発注・民間受注のような形式的な民間関与の事業形態ではないことが理解の出発点です。

インフラファンドを仕掛ける民間事業者側の議論を聞くと、インフラファンドは、「公共事業全体を代替するわけではない。政策、施設、事業環境などを評価の上、投資するか否かを含めて選択、値付けをするもの。」ということです。公共の立場で忌み嫌う、「いいとこ取り」は当然のこと、自由度が高く、付帯事業で儲けがとれる見込みがあることが成立条件と言えそうです。彼らは当然、個々の事業の収益性がどの程度あるかで判断し、収益性のある事業範囲、単位であれば投資しますし、そうでなければ手を出さないという非常にシンプルな行動原理に立ちます。

インフラは、施設そのものにより価値が決まるのでなく、それをどのように使うか、使われるか制度、政策面も含め、事業自由度、料金設定の自由度などの事情条件によって価値が決定するというものです。

結果的にインフラファンドの投資は、人と物が集まるところでなければ成立しにくいということです。付帯事業ができる、利便性を上げることでお金が落ちるような施設を狙って、いくらで買うかその値付けの能力が個々のインフラファンドの実力というところでしょうか。必然的に上下水道は、利幅の小ささとサイドビジネスがないことからインフラファンドから見て積極的な分野ではありません。事実、インフラファンドの成立事例は、テムズウォーターの例が知られる程度です。

② 国内のＰＦＩ適用の動向

上下水道事業のＰＦＩの適用事例が少ないといったような指摘、評価があり、その理由についての議論があります。これについての解答は非常に単純と思っています。「水道事業は資金調達、つまりは借金繰りに困っていない。しかも市中金利より安い金利が適用される地方債制度が用意され、十分な資金調達が可能であるから。」です。

現在行われている水道事業のＰＦＩが、水道事業本業部分（浄水や送配水）でなく、汚泥処理や発電等の水道事業者のノウハウの蓄積が少ない分野に固まっていることに象徴されます。つまり、資金調達を期待しての本来のＰＦＩでなく、技術的能力への期待に合わせて資金調達も行うという状況だと言うことです。

現在の日本の状況、つまりは地方債制度とその債券消化の事情が激変しないかぎり大規模なＰＦＩが進むとは考えにくいところです。

また、いわゆる日本のＰＦＩ法が改正（図表14）されていますが、水道事業に関しては大きな影響がないというのが状況です。事業認可法の体系のある事業、電気事業法やガス事業法、水道法もこの類型ですが、これらにとっては、施設運営権と事業経営権は別に整理する必要があります。水道事業は、水道施設を貸したり使用してもらう事業ではなく、水道施設により（飲用適の）水を供給する事業であるからです。施設運営権の有無と事業経営権（つまりは事業認可）は別物ということになります。施設運営権を民間に譲渡するというのは、単に施設の利用権を法律上保護したに過ぎません。その施設運営権を譲渡された民間企業が、水道料金を決め水道事業を行うというのであれば、公共施設を活用した完全民間水道事業ということになり、民間企業側が水道法上の事業認可を取得する必要があります。

③ 官民連携の今後

官民連携の大きな分野として施設整備とその施設の運転／運営がありました。今後の大きなテーマは、第一章で述べたとおり、少子高齢化／労働人口減少に伴う、担い手減少への対応でしょう。水道事業は、歴史経緯的に直営体制で実施してきており、それにより普及拡張期を乗り切っていて、これらの業務縮小とともに、人員体制を縮小してきています。事業当初から民間の運転管理員を取り込む形で実施してきた下水道事業と異なり、実施体制における民間比率は大きくありません。これは、公共側も民間委託に多くを求めてこなかった、期待してこなかったということもありますし、民間部門もそれの受け皿となるだけの体制をとりきれなかったというところがあります。

水道事業者の立場で言えば、減員の補完を民に求めてきた形ですが、新卒者の減少に加え、公務員人気の低下なども重なって、新規採用が今般急速に難しくなってきていますし、今後ますますその傾向は強まるのではないかと思います。これは官だけの話でなく民でも同じことで、官民連携により、必要な人員体制をどのように確保していくか今後の最大の課題です。

単年度契約でなく、いかに透明性を確保しつつ、長期契約の形態を採用するか、どのような業務と業務をまとめて発注業務とするか、場合によっては、水道事業者間で共同発注の方式がとれ

図表15　上下水道の運転管理の職員体制

	上水道事業	下水道事業
a)地方直営職員	4万7516人	2万3941人
b)委託職員数	6539人	
c)合計	5万4055人 (a+b)	3万9112人 (a+d)
d)民間運転管理員	3660人 (388件)	1万5171人 (1134件)
e)民間受託額	377億円	1662億円

水道　直営・委託（水道統計（令和２年度））
　上水道・用供で臨時・嘱託含む
下水道　直営）地方公営企業年鑑（令和２年度）
　民）日本水道運営管理協会17社（令和２年度）
　　下水道施設管理業協会（令和２年度）非会員含む147社

ないかなど、発注側、受注側双方で今後を支える体制と方式を新たに作り上げていく必要があります。お互いがお互い、自らの都合で考えるのでなく、今後の事業展開を明らかにし、水道事業者の立場としては、長期の直営業務と民間委託に期待する業務を明らかにして示すこと、その上で、新たな役割分担、業務体制の全体像を造ること、それに対する議論を官民連携と言われる各種の場で行っていくことだと考えます。既存の各種制度の適用方法もまだまだ開拓の余地があります。開拓と言うより制度適用のある種の発明というべきかも知れません。民間委託というと浄水場という拠点施設のみが議論の対象でしたが、ようやく管路などのＤＢ（設計・施工一体型）やＤＢＯ（設計・施工・運転一体型）も議論に上がるようになってきました。民間資金をもって管路更新、共用後に管路使用料といった形で回収するＰＦＩなども十分ありうるものです。単に従来型の官民委託の延長で考えるのでなく、水道事業総体の展開の中でどのような官民連携があるのか、そういった課題設定で今後の官民連携を考えるべきと思います。

8. 広域連携

『広域化』改め『広域連携』といったところでしょうか。単に言葉の問題でなく、方向性としては大きく変わったものと言えます。これまでの経緯を踏まえながら、広域連携のあり方を述べたいと思います。

(1) 広域水道の出現

水道事業は、基本的に住民への直接サービスを担う市町村が水道事業を実施することになりますが、これ以外の形態をまとめて『広域水道』と昭和の時代には呼んでいました。市町村単位を超えた水道事業の形式の歴史経緯を追えば、その最初は、戦前生まれまで遡ります。

一部事務組合の形式の最初は、大正期創設の笠之原水道組合（現：鹿屋市水道事業）ですし、用水供給事業の最初は、唯一の戦前生まれとなる阪神上水道市町村組合（現：阪神水道企業団）となります。都道府県営の末端供給事業の最初も、戦前生まれの神奈川県営水道です。この当時、こうした事業を『広域水道』と呼んだかどうかは、私の知る範囲では不明ですが、盛んに使われるようになったのは、戦後の高度成長期、用水供給事業が各所で計画された時期のように見えます。

この『広域水道』は、用水供給事業だけを指すものではなく、市町村単位の末端供給事業以外、一部事務組合型の末端供給事業も含めた言葉として使われています。市町村末端供給以外の、言い換えれば原則の形式以外、市町村域を超えた事業範囲を持つもの全てを意味するものでした。

(2) 広域化の提唱

「広域水道」と同じ時期に『広域化』という言葉が生まれ一般化していきます。「水道の広域化方策と水道の経営、特に経営方式に関する答申(生活環境審議会、昭和41年(1966年))」、「水道の未来像とそのアプローチ方策に関する答申(同、昭和48年(1973年))」などで、広域化という言葉とその方向性が記述されており、内容をみると、電力事業体制をイメージしてのことか、全国数ブロックとするのが理想といったところから始まるものです。問題意識や方向性は、末端供給事業の広域統合と読むのでしょうが、具体的な動きは、主に用水供給事業の創設・拡大で、この方向性に近かったのは、東京都水道局の「多摩地区水道事業の都営一元化基本計画(昭和46年(1971年))に始まる取り組みぐらいでした。何にしてもこれ以降、「広域化」は〝事業統合〟とほぼ同義で用いられることになります。

(3) 広域化から広域連携

平成13年（２００１年）水道法改正により第三者委託制度が導入され、事業の枠組み、事業の単位を維持したまま、事業運営のレベルにおいての連携方策が法定化されたことから、〝新たな広域化の概念〟が呈示され、事業統合に加え、経営統合（同一主体が複数の事業認可を持つ形式）や、官官連携（官民連携と対義語として用いられたもので、受委託による施設運営の他事業者実施。）、更には、共同発注などといった共同業務までを広く〝広域化〟として捉えるものとされました。

平成30年改正により、〝新たな広域化の概念〟を『広域連携』に置き換えて水道の基盤強化を図る手段と位置づけています。これについては、単に言葉の置き換えとせず、基盤強化の方策として考える点が重要と考えます。広義の広域化が、事業統合を頂点、目標として、それ以外の方策を次善の策とするのに対し、『広域連携』は、いわゆるボトムアップ型で、何か事業間で連携できるものがないかと考え、最終、究極的な広域連携が事業統合とするもので、基本的な立ち位置と、方向性が逆になったものと理解すべきでしょう。

これまでの歴史経緯や事業の態様、更には生活圏や住民感情など、事業統合は非常に難しいものので、ここを基本に考えれば、当然、非常に困難どころか事実上不可であって、検討に値するかどうかから考えざるをえません。単なる徒労に終わるのなら……当然考えてしまうことかと思います。

Column

電力会社の歴史（広域化）

水道事業の広域化を語る時に、よく比較で出てくる電力業界です。ここに、電力会社の再編の略史を記載しておきます。かなり独自の歴史を持っていて、なかなか水道事業の参考にはならないように思いますが、皆さんはどうでしょう？

水道と異なりその歴史は、明治以降ということになります。この時期、民営の中小電力会社が多数設立する電力業界であったが、その後の過当競争の中、合併・買収などが行われ、大正末期にはほぼ5大事業者と呼ばれた以下の会社に集約していっています。

- 東京電燈：日本最初の電力会社で東京電力の前身にあたる。
- 東邦電力：名古屋電燈を創始とする。合併により九州北部、近畿、中部を事業地域とした。
- 大同電力：名古屋電燈の子会社として設立された木曽電気製鉄を創始とする。中部、近畿を対象とした卸売電力会社。
- 宇治川電気：関西電力の前身にあたる。大阪市、大規模事業者を対象とした卸売電力会社。
- 日本電力：黒部川開発などを手がけた卸売電力会社。5社の中では後発で中部、関東への卸売電力会社。

これら民営5社に集約していく時期と大都市の公営電力事業の創設が重なり、競合、買収等が繰り返されていたようですが、その後、昭和に入り戦時体制に突入、電力会社は政策的・強制的に、特殊法人となる日本発送電（卸売電力会社）と地域割りされた9配電会社に再編されています。

戦後を迎え、アメリカ占領政策（GHQポツダム政令）下において、日本発送電を解体、発電所を9つあった配電会社に移管し9電力会社に再編されています。（沖縄電力は、米軍統治下において琉球電力公社として始まり、後に国と県の出資による特殊法人として沖縄電力となる。1988年に民営化され現在に至る）

一旦、発電・送電を地域ごとに一体化したこの体制としたものの、その後、戦後復興の中、電力不足を解消するため、電源開発促進法に基づき国が2／3を出資する特殊会社電源開発（形式は株式会社）を設立させ、水力・火力・地熱の発電所建設とその卸売電力事業を担わせる体制となりました。言ってみれば戦前の体制に逆戻りしたような状況です。この電源開発の最初の業務が長野県・佐久間ダムの発電事業です。

このあたりの根拠法律や専門開発組織の立て方などは、水資源開発促進法と水資源開発公団(現・水資源機構)とよく似ています。(電力関係は国家計画と電源開発設置を１つの電源開発促進法にまとめていますが、水資源関係は、国家計画と組織それぞれで一つずつの法律にしているところが異なっています。現在は、水資源機構に統合された愛知用水公団ですが、当初、単独法で設置されていたことが影響しているようにも思います)

この電源開発が現在の民営化された電源開発㈱、通称「Ｊパワー」となります。ちなみに、原子力発電は、電源開発の業務とされず、各電力会社が直営で整備する体制をとっていましたが、民営化されたことによりこの政策的制限がなくなり、青森県大間に初の原子力発電所を整備しています。

■**ガス事業の概要**

国内ガス市場は、天然ガスを中心としたいわゆる都市ガス事業と石油系のＬＰ事業がそれぞれ国内の半数の需要家に供給している構造になっています。

・都市ガス事業：１９３事業者(うち公営18事業者)
・コミュニティガス事業(ＬＰガスの導管事業)：１２４４事業者(うち公営8事業者)
・ＬＰガス事業(ボンベ配送事業)：１６８２５事業者

(令和3年3月末現在)

都市ガス事業とは、いわゆる天然ガスを原料とした導管供給の事業です。コミュニティガス事業はプロパンガスを導管で供給、ＬＰガス事業は同じプロパンガスを各世帯にボンベで販売するものです。

電力事業と異なり、水道ほどではないにしても事業数が多く、公営ガス事業があります。４大事業者と呼ばれるのが東京ガス、大阪ガス、東邦ガス(名古屋市等)、西部ガス(福岡市等)で、公営ガス事業最大のものは仙台市ガス事業になります。

都市ガスの普及率は意外に低く、約5～6割(日本ガス協会HP、2023時点)となっています。

一方、〝広域連携〟ならどうでしょう。意識・無意識のうちに現在の水道事業体制は、普及の論理、もっと言えば市町村間の競争の論理でできあがっていて、当然、その大勢は、自前主義、単独主義となっています。今後、担い手減少と需要減少の両面を考えれば、単独対応では難しくなっていくのは当然の状況かと思います。それであれば、事業単位を超え、関係者の連携対応でお互いに利点があるものを模索するというのが自然な考え方で、それをもって〝広域連携〟と考えるというものです。

広域連携の得失……もうそう考えている時点で、無意識的に〝広域化〟の発想に絡め取られています。広域連携は得失で考えるものではなく、お互いに利点、得るものがあるものを共同で行うことを広域連携と呼ぶ、まずはそのような基本認識に立つところからだと思います。

(4) 広域連携の基本と対応

水道施設の統廃合、それに伴う共同化、そういったものが広域連携の分かりやすい形かとは思います。残念ながら、都道府県単位、更にはそれを幾つかに区分しても、その地勢や水系の複雑さや物理的な距離などで、施設関係の広域連携が描きにくいところがたくさんあるのが、難しいところ。広域連携の基本は、「標準化」に置くべきものと考えます。事業間どころか、同一事業内においても、事業環境への最適化から設計された水道施設、水道事業は、非常に複雑な態様を持ってしまっています。市町村合併などもあり、現在の市町村単位の事業であればなおさらです。

個別最適とそれに基づく個別方策（規約、規則、運転方法なども含めて）の集合体である水道事業をもう一度見直し、いかなる事業運営方法や施設運用方法をとるのか、本当に大変な作業になりますが、今後の長きにわたる対応と考えて、積極的であってもらえればと思います。

このような取り組みは標準化に始まり、共通化を経て、共同化といった順序で動いていくことになろうかと思います。というより、標準化の作業なしに共同化や、その先の広域連携などないというべきでしょうか。改めて、自ら行っている事業運営が、周辺他者と何が同じで、何が違うのか、他者比較の中で自己認識を再構築するということが最も重要なことだと思います。

また、このような対応は、職員教育や危機管理にも大きな効果があります。現場ごとのやり方を習得しようとすれば、当然、それ相応の年数が必要となりますし、経験を基本とした職員教育にならざるをえません。オン・ザ・ジョブ・トレーニングと言えば聞こえはいいですが、習うより慣れよ、で言ってみれば教育プログラムがないのと同じです。事業運営の再整理と標準化を基本とすれば、習得すべき業務技術が明確になり、座学と現場経験の役割分担を明確にできます。ようやく教育プログラムの素地ができるというところでしょう。このような職員教育の場の広域対応も可能となりますし、基本的な業務技術が標準化できれば、危機管理対応、他者応援・受援の際も即応性が増します。担い手減少で、人の数に頼った対応は、通常業務でも非常時においても望みにくくなる中、大きな武器になります。即地的な最適設計と最適運用をある程度あきらめる必要もあり、これまでの業務運営の発想を大きく変える必要がありますが、それを行う必要性や意味、そして効果もあるものと考えています。

もし具体的な取り組みとして、どこから手をつけるかということであれば、既に、事業運営の中で、情報システム化されていたり、民間委託化が進んでいる分野から考えてみることをおすすめします。顧客管理関係となる検針や料金収受関連のシステムや、管路情報をまとめたいわゆるマッピングシステムなどです。給水装置関係の届け出内容やその管理システムなどもそうでしょう。水道法改正以来のテーマである、施設台帳関係なんかもその類例かと思います。資材の在庫管理なんかにしてもそうですし、広域で同一情報を扱えれば、みんなが助かる、または、似たようなもので、独自発注でシステムを組まなくても……こういったものが広域連携では最も取り組みやすいものですし、これについては、物理的な距離、近接するか否かは無関係ですし、全域で対応を一にする必要もなく、できるところからできる範囲で……十年もすると県内の業界標準になっていた……そんなことを期待するところです。

更に、上の段階になる受委託や共同発注などもありますが、それは具体案件があってのことかと思います。これら以上のレベルの広域連携であれば、県内の職員数やその動向、水道事業職員の確保をどこでどのように行うか、といった今度は、マクロ、広域の状況から検討するようなことも必要になるかと思います。新規採用が官民問わず、年々難しくなる中（労働人口の減少からそうなるのは必然です。）、どこでどのように新規採用を行い職員確保するか、そんなことを本気で考えざる得ない時期が近づいているように思います。予算的な定員の確保と実員配置を区分して考えることが必要になるのかもしれません。ある市の職員は、別の事業体の出向者で支えられている、用水供給事業者が独自採用をせず、構成団体の職員が出向だけで支えているような例はけっこうありますが、末端供給同士、市町村間・水道事業者間においても、そのぐらいのところまで考えなければならないのではないか、昨今の採用状況や応募状況を聞くにあたり、そんなことを考えてしまっています。

広域連携の具体は本当に幅広いものです。これらを広域対応の一言にまとめてしまう、言葉としては大変便利なものですが、現段階は広域連携から紐解き、具体対応を考えるというより、共同対応の取り組み事例の集積が広域連携の具体を示すという段階でしょう。今後の内外の事業環境を正確に把握、認識し、これまでの常識にとらわれない広域対応を考えていただくしかないのでは、今の段階での結論はそのくらいにさせていただきます。

おわりに

みなさんは、事業史を読まれたことがあるでしょうか、読み込まれたことがあるでしょうか？　そもそも事業史が作られていない？　それであれば行政史ぐらいは何かしらの形であるはずですのでそこから入られたらどうでしょうか。大規模事業者であれば、周年記念で過去から何冊かの事業史があるかと思います。ぜひともそれを、それも初期の頃から全て読んでみてください。きっと、現在の水道事業が別の姿で見えてくるはずです。

周辺の水道事業史と事業を見てみましょう。これらは広域連携の基盤情報です。自分を知る、周りを知る、そして今後の事業環境を知る、それらが揃えば自ずと将来像が浮かび上がってくるはずです。

世代が変わるということはそういうことで、眼前の問題の対処療法とその延長にあるものではありません。数ある問題、障害から考えるのでなく、長期人口減少社会という長期にわたって水道事業を支配する事業環境から考えること、このような（問題でなく）課題設定こそが最も重要な課題と考えます。

そのためにも「地域水道地図」と「地域水道史」は必須と思います。処方箋を作るために小さな範囲の情報を都度都度作るのでなく、水道事業をまるごと受け止める基盤情報と基本認識をきちんとした本、テキストとして作ること、そしてこの重要性に気づき、時間と労力を今後百年のためにきちんとかけられるか、本当に大変ですがぜひとも行ってほしいことです。

基本認識を合わせ、考えるべき時間距離さえ合えば、各者いろいろな立場はありますが、自ずと将来像は一致してくるはずです。水道事業を支える水道工学はそれなりの体系で科学となっています。科学とは再現性、誰もが同じ条件から始まれば同じ結論に至る、そういった体系のことを言いますが、対象地域という範囲を決め、歴史経緯を知り、現在位置が客観的に認識でき、将来の事業環境を知れば、自ずと将来像は浮かび上がってくるもの、やるべき対応、適応策・順応作は見えてくるものです。都道府県単位やそれを数ブロックに分けたものが当面の範囲設定でしょう。それが実は一番最初で最大の課題ですが、それを設定できれば事業単位にこだわらず、地域として持つべき施設やその容量は決まるはず。後はそれをどういう形で各事業が支えるかで、これが今日的な広域連携だと思います。事業から持つべき施設と容量を考えてきたのが第三世代水道までで、第四世代はその思考順序すら逆転させなければならないのです。

後は、短中期の現状の延長線上の支え方とそれを起点とした損得勘定をいかにのりこえるかです。取組の順序を間違えず、本当の意味での中長期的な取組ができるかが現時点での最大の課題。「課題設定こそが最大の課題」そういうことだと思います。

現時点から考える「まだ大丈夫」と、短期的な損得勘定から考える「まだ現状で」を乗り越えましょう。土木技術を基本とする水道は、変わろうとしても最低30年はかけないと基本骨格が変わらない、それぐらい鈍重なものです。

事業環境に対して受動的にならざるを得ず、加えて変更に時間のかかる水道だからこそ、積極的に事業環境を知り、能動的に先手を打って変えてなければ、社会に順応、適応どころの話ではありません。ありがたいことに長期にわたる社会変化のおおよそは見えています。平成年代の最大値前後の三十年、この疑似定常状態に対応した「維持管理の時代」は終わりました。第四世代という形での第二の創生が幕開け、一から水道を考えられる、また、考えるべきやりがいのある時代の到来です。本当にそう思います。

私のような国家公務員ができる、全国平均と傾向、そして分類からできることは本書の内容程度かと思います。各地域ごとに具体の将来の姿を描くのは皆様方です。皆様の取組をぜひとも、雑誌、研究会、発表会などで積極的に発表してください。それが次なる動きの礎となります。また、それをずっと積極的にやり続けてきたことは、水道界の今後に継承すべきよき伝統です。その集大成が設計指針や維持管理指針ということですが、これはまさに第三世代のものです。残念なことながら、第四世代の教科書を作るには知見が絶対的に足りません。教科書と事例集の違いを認識し、後者を水道界全体で充実させていくことが、第四世代の定式化に向かっていく原動力です。

参考文献

1．日本水道協会関係図書
・水道のあらまし
・水道施設設計指針
・水道施設維持管理指針
・水道統計
・水道料金表
・水道法逐条解説
・日本水道史

2．丹保憲仁関係著作、論文
・新体系土木工学８８上水道（土木学会編・技報堂出版）
・浄水の技術（技報堂出版）
・大変革の２１世紀（FORUM2050）
・日本の浄水技術史考（水道協会雑誌・昭和53年９月）
・水道の未来像（水道協会雑誌・昭和54年９月）

3．その他
・人口の動向（国立社会保障・人口問題研究所編）
・日本の将来推計人口（国立社会保障・人口問題研究所HP）
・人口から読む日本の歴史（鬼頭宏：講談社学術文庫）
・日本社会の歴史（網野善彦：岩波新書）
・全国市町村要覧（市町村要覧編集委員会編）
・東京の水道（佐藤志郎）他、各種水道事業史、水道事業者HP
・日本土木史（土木学会）
・玉川上水の江戸市中における構造と機能に関する研究（神吉和夫・とうきゅう環境浄化財団1994年）
・近代水道百年の歩み（日本水道新聞社）
・水道制度百年史（厚生省）
・わが国上水技術の軌跡（水道機工HP）
・地方公営企業年鑑（総務省）
・英国上下水道物語（日本水道新聞社）

熊谷　和哉（くまがい　かずや）

平成３年、北海道大学大学院衛生工学修了。同年、厚生省入省。
現在の厚生労働省ほか、環境省、国土交通省、水資源機構、富山県庁を経て、令和元年厚生労働省水道課長、令和３年10月より水資源機構理事。

水道事業の現在位置と将来Ⅱ

2023年８月１日　初版第一刷版

著　者　熊谷 和哉
発行者　福島 真明
発行所　株式会社 水道産業新聞社
〒105-0003 東京都港区西新橋３－５－２　電話 03-6435-7644(代)
印刷・製本所　瞬報社写真印刷株式会社
カバーデザイン　冨澤　崇（EBranch）

定価はカバーに表示してあります。乱丁・落丁の場合は送料弊社負担にてお取り替えいたします。

ISBN978-4-909595-12-6